中国複合汚染の正体

現場を歩いて見えてきたこと

福島香織

2004年1月、霍岱珊氏が撮影した沙潁河の汚染状況。このころはピンクの泡が川面を覆い、強烈な悪臭を放っていた。(第一章　霍岱珊撮影)

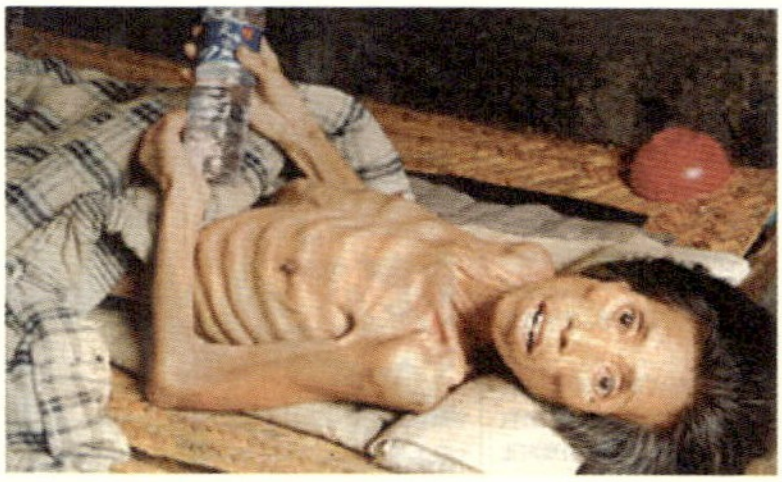

黄孟営村の張桂芝さんは食道がんで2001年に死亡した。末期の病床で、「最後にきれいな水が飲みたい」と訴え、ペットボトル入りのミネラルウォーターをようやく手にした瞬間を霍岱珊氏が撮影した。この一枚は「がん村」の悲惨さを伝える霍氏の代表作として多くのメディアで紹介された。(第一章　霍岱珊撮影)

現在の周口市を流れる沙潁河。水質はずいぶん改善されたとはいえ、きれいとは言い難い。(第一章　筆者撮影)

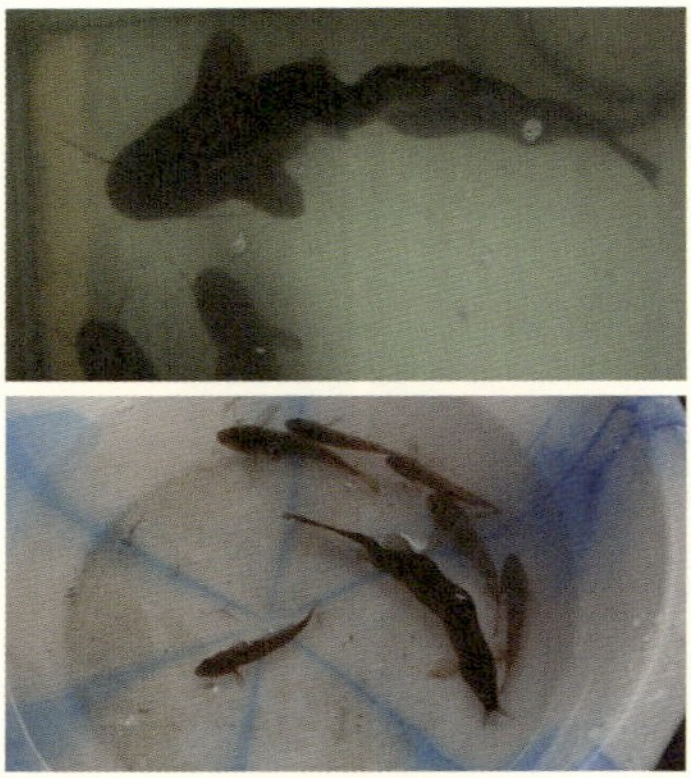

淮河支流の沙潁河で獲れる畸形の魚。
（第一章　筆者撮影）

沙潁河の水に手を浸す霍岱珊氏。河の水は04年と比べると劇的にきれいになった。（第一章　筆者撮影）

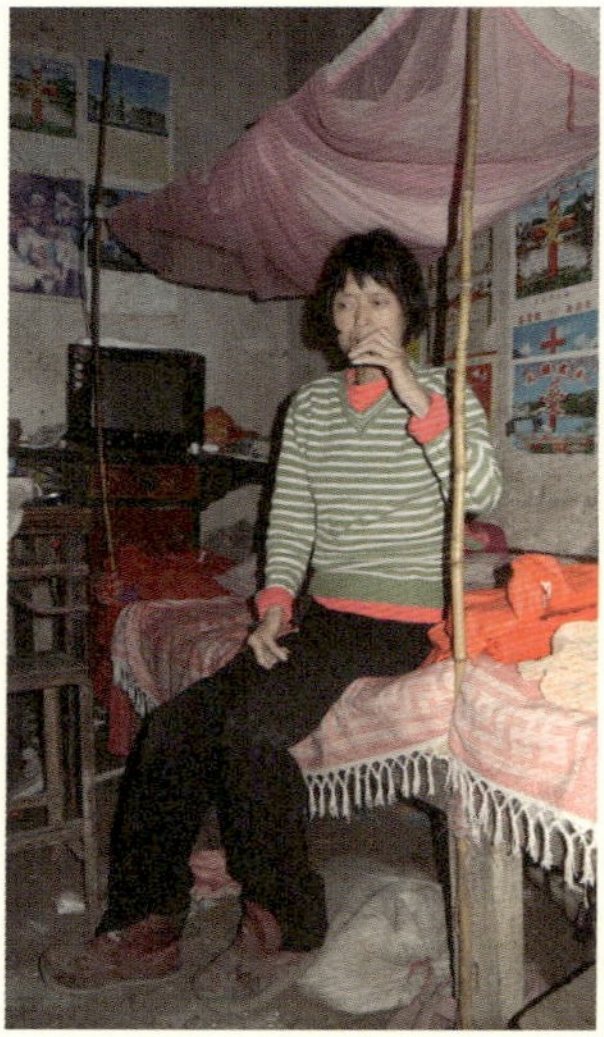

水汚染が原因とみられる骨の病気に苦しむ河南省沈丘県黄孟営村の劉玉枝さん。（第一章　筆者撮影）

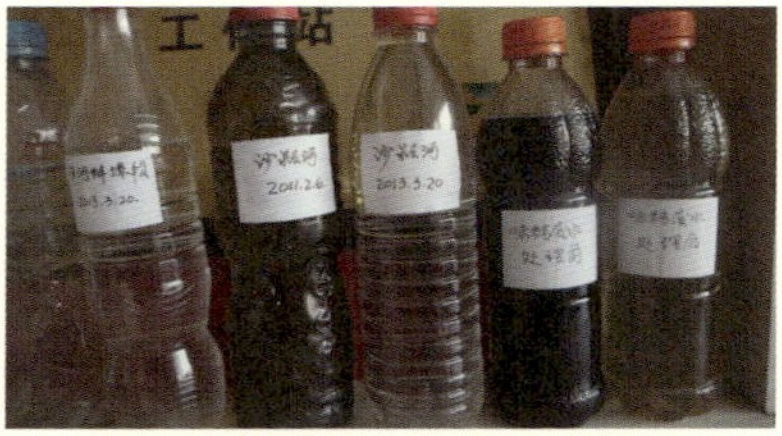

NGO淮河衛士の事務所にある淮河の水質の変化を示すペットボトルのサンプル。（第一章　筆者撮影）

広東省韶関市の大宝山鉱区。ここの洗鉱廃水によるカドミウム汚染が周辺の村に健康被害をもたらしていた。（第三章　筆者撮影）

カドミウム汚染の村として知られる韶関市上壩村を流れる横石河は鮮やかなカドミウム・イエロー。（第三章　筆者撮影）

上壩村のカドミウム汚染の横石河は滃江を通って最終的には珠江に流れ込む。深圳を流れる珠江は真っ黒で汚臭が漂う。（第三章　筆者撮影）

上壩村で見かけた腰の曲がった脚の悪い老婆。カドミウム汚染との関係は分からない。（第三章　筆者撮影）

山東省日照市五蓮県汪湖鎮の村の奥に投棄されている有毒化学薬品のタンク。（第二章　筆者撮影）

汪湖鎮の村の奥に看板も掲げず操業されている化学工場からの排水パイプは地面に埋め込まれ近くの河に直接つながっている。漏れ出る廃水は強烈な薬品臭がした。
（第二章　筆者撮影）

山東省茌平県の村の井戸水は、くみ上げたばかりなのに油が浮いている。近くの工場排水が地下水を汚染していると疑われている。（第二章　筆者撮影）

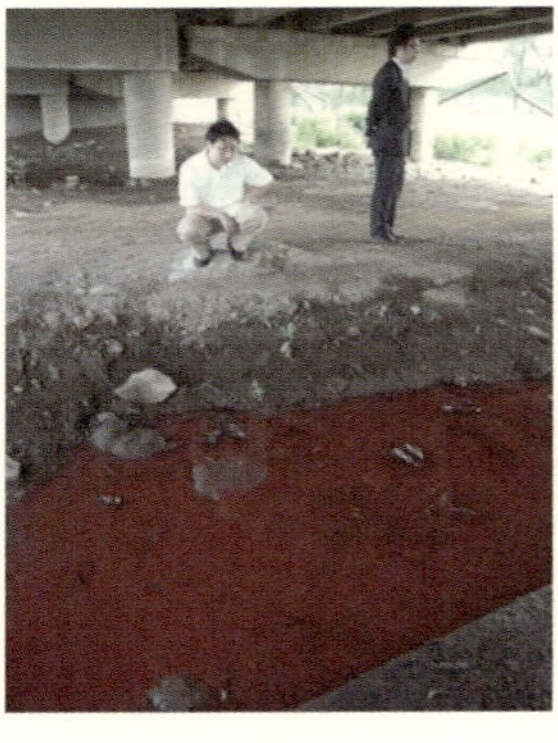

天津市北辰区の永定新河は２００７年７月当時、鮮血のような赤い色をしていた。近くの化学工場排水のせいだと言われている。（第四章　筆者撮影）

山東省茌平県の干韓村を流れていた河は抹茶のような緑色をしている。（第二章　筆者撮影）

江蘇省泰州市の農村の農家で見せてもらった植物ホルモン剤。毛筆や注射器でトマトやスイカに投与すると、成長が早く大きな実ができる。ホルモン剤自体は人体に害がないと言うが、農民は自分では、薬剤を投与した野菜は食べないという。（第四章　筆者撮影）

北京市の富裕層の間では、農産物汚染を心配するあまり、家庭菜園を始める人が多い。マンションのベランダやちょっとしたスペースで農薬・化学肥料を使わない安全な野菜を育てる。（第四章　筆者撮影）

山東省茌平県の工場地域では煙突からもくもくとでる排煙で昼間も太陽が暗い。（第二章　筆者撮影）

北京で降る雪がタクシーのフロントガラスの上で溶けると泥の染みになる。大気中の汚染物質を含んでいるからだろう。（第六章　筆者撮影）

２０１３年１月に北京で深刻なスモッグが発生したときの高速道路の様子。視界が悪くて運転手も神経を使う。（第六章　筆者撮影）

２０１３年１月、北京の高速道路で見かけた交通事故現場。この日はスモッグで視界が悪いため、あちこちで交通事故が起きていた。（第六章　筆者撮影）

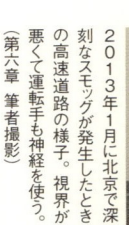

北京での定点撮影

北京市における大気汚染状況がわかる定点写真。比較的空気のきれいな2012年10月(右)と、100メートル先の建物もかすんで見えない2013年1月の汚染のひどい日(左)。(第八章 松野 豊撮影)

図A 世界のPM2.5汚染物質の濃度分布(2001－2006)

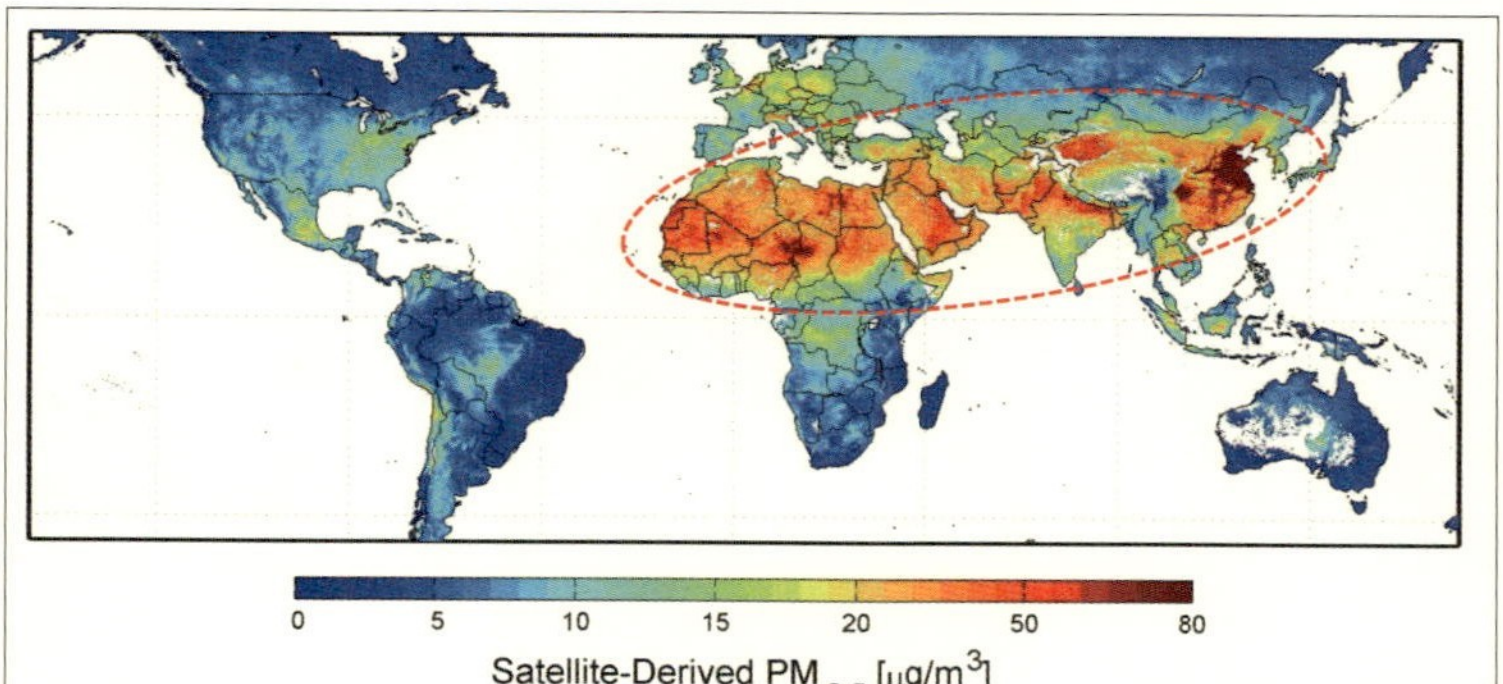

van Donkelaar et al., Environmental Health Perspectives 2010
http://www.nasa.gov/topics/earth/features/health-sapping.html

PM2.5の濃度分布を地図上に示したもの。中国から北アフリカが主要な汚染地域になっている。PM2.5の発生には砂漠などの自然条件も関係している。(第八章 松野氏提供)

中国複合汚染の正体
現場を歩いて見えてきたこと

目次

カバー写真●Imaginechina／時事通信フォト
ブックデザイン●長久雅行

はじめに

２０１２年暮れから２０１３年春にかけての中国におけるホットワードの一つはPM２・５だった。２０１３年1月、北京で新中国建国以来というほどの長期間のスモッグ天気が続き、その原因物質としてPM２・５つまり、直径２・５μm（マイクロメートル）以下の小さな超微小粒状物質という言葉が一般に広く認知されるようになった。この年の1月はわずか5日間を除いて26日の間、スモッグが発生。ぜんそく症状を起こす子供たちが病院の受付に並び、「北京咳」という言葉が20年ぶりに中国メディアに登場した。それに追い打ちをかけるように、大気汚染によって北京・上海・広州・西安の四都市で２０１２年に８６００人近くが死亡した、との北京大学と国際的環境ＮＧＯのグリーンピースの発表があった。２０１０年の「Global Burden of Disease」という権威ある研究報告によれば、世界で大気汚染で早死にする人口は３２０万人で、中国だけで１２３・4万人という。失われた中国人の寿命は合計２５００万年。この数字は２０１３年3月に清華大学で開催された「空気汚染と健康への影響」学術シンポジウムでも引用され、衝撃を与えていた。これは飲食、高血圧、喫煙に続く4番目の死亡リスク要因だという。

中国の大気汚染のひどさは90年代から有名であったが、ここにきてリミッターが外れた感がある。北京という国際都市がここまでひどい状況になったことで、国際社会も大騒ぎした。中国政府は、すぐさま年内に首都で新たにナンバープレートを取得する新車の基準をいわゆる「ユーロ5」に相当する「北京5」に制限する排ガス規制を導入。ガソリンも硫黄成分10ｐｐｍ以下の「国五ガソリン」を年内に導入すると発表した。また春節の打ち上げ花火や爆竹を自粛するように呼びかけ、2月9日の春節除夕（旧暦の大みそか）の花火打ち上げ量は前年の4割減となった。2月に入ると、今度は日本の九州で環境汚染物質が急上昇し、これが1月の北京および華北の大気汚染と関係があると言われた。日本でもにわかに中国の環境汚染問題に関心が集まった。

このとき、私も様々な媒体に関連原稿の執筆を依頼されたり、コメントを求められたりした。環境汚染問題の専門家というわけではないので、はたしてこの大気汚染の原因が何に由来するのか私には断言できない。そこで、専門家の意見をいろいろ聞いてまわるわけだが、その専門家ですら、実は中国の大気汚染について、その原因やメカニズムをはっきりと突き止めているわけではなかった。なぜ、２０１３年の冬に急にこのようなひどい大気汚染が出現したのか。この年だけの異常気象なのか、あるいは翌年、翌々年とひどくなるのか。２００８年の北京五輪に際しては、北京では大掛かりな空気清浄化作戦がとられ、見違えるほど大気汚染は改善されたというのに、なぜまた悪くなったのか。自動車の交通量が原因なのか。ガソリンの質の問題なのか。あるいは暖気（ヌワンチー）と呼ばれる華北特有の暖房システムの問題か。火力発電所、工場の排気処理については2009年ごろから、むしろ改善されているはずだろうに、なぜ？

こういった様々な疑問を抱えているときに、1980年代前半に、日本の環境庁（現環境省）や厚生省（現厚生労働省）と一緒に環境政策設計に携わった経験を持つ松野豊《ひろし》・清華大学・野村総研中国研究センター（TNC）副センター長から、「これこそ複合汚染」という話を聞いた。松野氏は私が新聞記者として北京に駐在していたころから、いろいろとアドバイスをいただいてきたが、今回もこの一言にいろいろと考えさせられた。

中国の環境汚染問題は、日本も「いつか来た道」であり、日本が環境問題を克服してきたように中国も環境意識の高まりと環境技術の向上によりいずれは克服できるという意見をしばしば聞く。だが松野氏は、日本の60～70年代の大気汚染と今の中国の大気汚染は質的に違う、と指摘する。「たとえば日本の四日市ぜんそくの主な原因は、工場の煙突から出る亜硫酸ガスだった。汚染物質の発生源を容易に特定でき、対策も打ちやすかった。だが北京の大気汚染はそうした単一物質ではない。自動車の排ガス、石炭などの燃焼、工事の粉塵、塗装噴射、周辺からの越境汚染。そういったものが混ざり、さらに空中の紫外線に反応して生じる二次生成粒子がある。PM2・5の濃度が高くなると、この二次生成粒子の割合も多くなる。過去にみられた日本や先進国の初期のころの大気汚染よりもよほど複雑な『都市型複合汚染』である。さらに、中国の共産党独裁体制という特殊な政治体制がからんでいる。北京の専門家たちは、今の中国の状況が汚染のピークではないと見ている。あと10年、20年と汚染状況は悪化し続ける可能性がある」。

「複合汚染」という言葉は、作家・有吉佐和子さんが1974年から75年にかけて朝日新聞で連載した小説のタイトルとして日本人には知られている。毒性物質が複合的にもたらす環境汚染の恐ろしさをいち早く描いた作品だが、今読むと、赤ん坊の異常出産率や家畜に畸形が多いという話にしても、化学肥料や農薬による土壌汚染の問題にしても、家庭排水の河川汚染問題にしても、中国で起きている環境問題と重なる部分が多い。だが、中国の現状と比べるとその程度はずっと軽く、構図はシンプルで、ではどうしたらよいか、こうしたら問題が解決しそうだ、という議論の方向性が明確にある。そもそも有吉佐和子という著名作家が、ボディガードもつけずに、専門家たちや生産現場を取材してまわり、取材相手が誰におびえることもなく懇切丁寧に取材に応じていること、その取材結果を持って作家が農林省はじめ政府役所にずけずけと要請を突き付けていることが、中国とまったく違う。中国であったならば、この作家は強い圧力を受けて作品を発表できなかったか、あるいは交通事故にでもあって取材・執筆を断念しなくてはならなかったのではないか。

中国の今の環境汚染は、かつての日本の環境汚染と別の次元の複雑さがある。それは複数の毒性物質が交わり化学反応を起こすというだけでなく、司法制度や公民意識や言論や報道の自由といった社会や政治のシステムも複合的に関わるものであり、先進的な技術を導入したり、法律を整備したり、規制を強化するといった従来の環境問題対策のセオリーだけでは解決できない状況である。日本がたどってきた公害訴訟史や市民運動史などの経験がほとんど参考にならない。それどころか、環境破壊の実態を正しく告発することすら、いまだ難しい。

中国のPM2・5問題が日本の大気にいくばくかの影響を与えていることがニュースになると、日本でも中国の環境汚染が他人事ではないという認識も広まった。今後も中国の汚染は悪化しつづけ拡大しつづけ、日本をふくむ近隣国家は影響を免れえない。だが、中国を汚染源国として批判・非難するだけでは状況は良くならない。日本の公害が劇的に改善した背景の一つには工場の海外移転というのもあり、その工場を一番多く引き受けたのが中国であるということを考えれば、あまり文句ばかり言うのもはばかられるのだ。

海も空もつながっているのだから、環境問題は国境をまたぐ問題である。日本としてもなんとか中国が環境問題を克服していくために協力できないか、力や知恵を貸せないか、日本の経験や技術ノウハウが役に立たないかと、一般的な日本人なら考える。企業関係者ならばそこにビジネスチャンスも求めたいところだろう。大気汚染問題について、猪瀬直樹東京都知事から北京市に「技術ノウハウは東京都にある」と協力を申し出たのは、非常に日本人的な普通の反応だった。このときは日中の政治的関係が悪化していたこともあり、東京都のラブコールに北京市は答える術もなかったが。

ただ正直に言えば、日本の技術やノウハウをそのまま移転して汚染問題が劇的に改善するほど、中国の汚染状況は単純ではない。ではどうすればよいか。

本書は、中国の複雑な「複合汚染」の正体をまず見極めるために、現場を歩いて見てきたことと聞いたことを報告したい。そして、中国がその複雑な汚染を克服するために、日本としてどのような関わり方ができるかを考えてみたい。

第一章

河南のがん村から

――NGOの挑戦

外国メディアを村に入れると村民は拷問にあう?

おい、福島(フーダオ)、大変なことになったぞ、と電話口で友人が緊張した声で言った。2013年4月上旬のことである。私は5月のゴールデンウィーク休みに、河南省固始県《かなんしょうこしけん》の農村を訪問する予定で、友人にアレンジを頼んでいた。仮に友人の名を老呉《ろうご》と呼ぼう。「お前を連れて行こうとした村に、先々週、ドイツメディアの記者が入って、ちょっとトラブルになった。村の方はピリピリして、もう外国人を受け入れたくないと言っている。お前が今、固始県に入ると、安全が担保できない。諦めてくれ」と、老呉は脅すように言った。「トラブルって何が起こったの? どこのドイツメディア?」と私は聞き返し、耳をそばだてた。

固始県に行ってみないか?と提案したのは老呉からだった。その年の3月、私たちが中国の環境問題について雑談していたとき、「がん村」の話が出た。「がん村」とはがんの発生率が異様に高い農村の俗称だ。90年代からその存在は社会問題として存在していたが、その実態は長きにわたり公式には確認されなかった。現地に取材に訪れた国内外メディアが拘束されたことも1度や2度ではない。当局は因果関係を否定してきたが、2013年2月になってようやく、中国環境保護部は報告書「化学品環境リスク防止コントロール12次5か年計画」の中で、初めて化学工場の未処理排水と地域の水質汚染とがん村などの健康被害に因果関係があるとの公式の見方を示した。2009年に華中師範大学の学生・孫月飛が卒論「中国がん村の地理的分布研究」のために独自で調べた非公式統計によれば、全国27省にわたり247か所あるといわれている。河北《かほく》、天津《てんしん》、河南《かなん》、安徽《あんき》、山東《さんとう》、陝西《せんせい》、海南《かいなん》などが有名ながん村地域だ。

環境保護部が公式文書でがん村と化学汚染の因果関係を認めたことで、中国も本気で対策に乗り出すかもしれない、がん村取材のタブーや妨害も軽減するかもしれない、と考えた。実際、その前後から中国メディアでも「がん村探訪記事」が一気に増えた。そこで、私もがん村を訪問して、その実態を自分の目で確かめたいと、老呉にふと言うと、河南の固始県にも複数のがん村があり、彼の知り合いが住んでいるという。

「俺の知り合い自身も胃がんを患っている。がん村だけじゃなく、肺病村、皮膚病村などいろいろあるらしい。あと、あのあたりは地下キリスト教会も多いので一緒に見てきたらいい。医療水準も低い農村では、がんにかかった村民は宗教に頼るしかないんだ」

そういう話を聞くと、私もがぜん好奇心がそそられ、「じゃあ5月のゴールデンウィークに訪れるつもりで、連絡を取ってもらえないだろうか」と頼んだ。

河南省固始県は中国第三の河川・淮河《わいが》の南に位置し安徽省に隣接する。東周時代（紀元前8世紀）の番国古城遺跡などもある古代中華文明揺籃の地だ。だが、今は貧しい農村でしかない。ここを流れる淮河は90年代から海河とならんで中国最悪の汚染河川の一つとして知られている。がん村もこの河の流域に一番集中している。

固始県にがん村が存在することは容易に想像できたが、実は中国メディアの取材は固始県のがん村には入っていなかった。河南で有名ながん村として名前が挙がっているのは沈丘《しんきゅう》県、西平《せいへい》県、扶溝《ふこう》県などだ。無名のがん村が固始県にあるとすれば、そこを訪れ、実態を知ることは意義がある。アレンジを老呉に一任して、私は村に入る許可を得る連絡を待っていた。

ところが、冒頭のようにただならぬ報告を老呉から受けた。

老呉はこう言った。「ドイツメディアクルーと一緒に、入村を手引きした村民が7人捕まったんだ。うち一人は地元警察の拷問にあって腕を切り落とされた。それで村全体がもう外国人は入れたくないという空気に支配されている。今行っても取材できないし、おまえの安全も村民の安全も保障できない。諦めてほしい」

拷問で腕を切り落とされた、という一言が衝撃的だった。どこのメディアかということについては、老呉は教えてくれない。おそらく彼自信も、はっきりとは教えてもらえていないのだろう。時期についても「先々週、10日ばかり前の話らしい」と曖昧だ。この事件について情報がほしかったが、知り合いの記者に聞いて回っても知らなかった。がん村取材でドイツメディアが拘束される事件は2005年12月にも起きていた。このときは記者が不法取材で拘束された事件としてドイツ政府も「取材妨害」として抗議し、日本メディアも報じていたのだが、またもや同じような事件があったのだろうか。もちろんガセ情報の可能性もある。村民が外国人の入村を断る口実に、よくありがちな話を言った可能性だ。しかし本当に村民の命に関わるトラブルを起こした場合は、メディアも箝口令をしくので、裏もとりにくい。

私自身が河南省の「エイズ村」を取材したときに、協力者が一時拘束されるなどの非常事態を経験したことがある。これは拙著『中国のマスゴミ』（扶桑社新書）でも詳細に触れているが、2日後に釈放され大事には至らなかった。もし協力者がそのまま刑務所に入れられたりすることがあれば、その家族の生活は私が支えねばならない、と覚悟していた。さすがにあのような肝を冷やすような思いはもうしたくない。「協力者の安全が保障できない」と言われれば、ごり押しをすべきではない。

汚染企業を「対話」に応じさせたNGO

だが、すでに中国行きの航空チケットは買ってしまった。キャンセルするのももったいない。海外メディアもふくめて、中国のがん村探訪記事は確実に増えている。取材できる地域とできない地域があるのだろうか。最初は、たまたま知り合いががん村にいるから訪ねてみるか？と誘われて興味を持った程度だが、訪問計画が一度挫折すると気になった。

　では、他の地域はどうだろうか。たとえばメディアでよく取り上げられる河南省沈丘県である。沈丘県は、「淮河衛士《わいがえいし》」と呼ばれる有名な環境保護NGOの活動地域で、国内外メディアでおそらく最も多く取り上げられてきた「がん村」である。ただ私は「淮河衛士」代表の霍岱珊《かくたいさん》氏に2度、取材を申し込んで2度断られたことがあった。まだ産経新聞の北京特派員であった2007年のことである。朝日新聞なども取材していたので、日本メディアも取材が受け入れられるはずと思ったのだが、甘かった。すげなく断られた。理由は「当局から外国メディアの取材を受けるなと注意を受けている」「前に受けた朝日新聞の取材の反響が大きかったので今は警戒されている」とのことだった。ほとぼりが冷めたころもう一度、連絡をとったが、やはり事前に別のメディアが入り、再び緊張が高まったと断られた。当時、産経新聞は「反中メディア」の印象があっただろうし、私自身も中国側からすれば、あまり印象の良い記者でもなかったので、これはいたしかたないか、とあっさり諦めた。

　今は、私はどこのメディアにも所属していない完全なフリーランサーであり、中国当局も当時よりはずっと環境改善に取り組む姿勢をアピールしている。もう一度、取材を申し込んでみようか。ならば、フリーランスであるだけに、自分の信用を担保してもらえる紹介者を立てるべきだった。偶然、飲み会の席で沈丘県を以前取材したことのある日本の某テレビ局のY記者と会い、相談したところ、アジア経済研究所の大塚健司研究員に頼んではどうかと勧められた。

大塚氏は2004年から2013年まで、5度にわたり河南省の淮河汚染の現場を訪れての調査経験があり、霍氏とは親友と言ってよいくらいの間柄だという。大塚氏の名前は存じ上げていたが、ついぞ取材する機会はなかった。

4月の某日に、アポイントメントを取り付け、赤坂の会議室に大塚氏を訪ねた。フィールドワークが好きそうな陽に焼けたメガネの男性だった。

大塚氏はなぜか面白そうに私をしばらく見つめて、開口一番、「大学時代に雲南省に行った経験は?」と尋ねた。「よく知っていますね、大学時代のワンゲル部（ワンダーフォーゲル部）の海外遠征先が雲南省の玉龍雪山でした」と答えた瞬間、「僕もその遠征に参加していますよ、覚えていませんか」と笑いだした。

不覚にも顔を見ても気付かなかったが、大塚氏は大学時代のワンゲル部の先輩だった。

そういえば大阪大学のワンゲルでは、嫌というほど、エコマナーに厳しかった。「カーテンを閉めた研究室ではなくて、太陽の下で働きたいと思って」と、学部の専門とまったく違うこの道に進んだ理由をきいて、らしいと、思った。

私は、ワンゲル部在籍は1年生の間だけで、2年生になる前に退部した。体力的、金銭的にきつかったのと、当時、学生の間で流行していたバックパック旅行にはまったからだった。まとまったお金と時間は山ではなく旅行に使いたくなったのだ。だがわずか1年の間でも、その間に得た基礎体力や水を制限しながら活動する習慣は、その後の記者生活で大いに役立った。私はあまり学生時代の人脈が役立ったという経験はなかったが、今回ばかりは、大塚氏から霍氏に「彼女は私の校友（学校の同窓生）です」とメールで紹介してもらった。人間関係を重んじる中国社会では、「校友」という関係は、普通の友人よりも重視される。まもなく、霍氏からは取材受け入れを「歓迎する」と連絡が来た。

大塚氏によると、やはり霍氏は慎重な人物だった。中国の非常に特殊な政治体制上、環境保護NGOを続けていくには、地元政府や地元企業と敵対してはならない。地元政府も県や市の政府と省政府とではまた考え方が違う。汚染原因企業やその企業を誘致した地元政府と戦うのではなく「対話する」。中国のような国では圧倒的に権力の強い相手を「対話」の場に引きずりだすだけでも至難の業だ。霍氏は尋常ならざる忍耐と慎重さでそれを実現し、汚染企業との協力体制「蓮花モデル」（後述）を設立するまでにこぎつけた。だから取材を受けるにしても、かなり慎重に相手を選ぶ。NGOを続けていく上で、外国メディアの取材が原因で当局側と対立することは避けねばならないからだ。

一つ疑問があった。汚染源企業との「対話」は、汚染の被害に苦しむ農民たちから見たら「妥協」に見えないか。公害被害、特に健康被害への補償に企業は応じているのか。「公害被害補償」については話し合われていない。NGO側はそれを持ち出さないことで、おそらく汚染源企業を対話に応じさせたのだと思う。妥協といえば妥協だけれど、汚染源企業を対話に応じさせ、環境保護企業に変えていったこと自体が、中国では稀有な例でしょう」と大塚氏は説明した。

公害被害の村民たちはそれで納得しているのだろうか。固始県のように、外国メディアを村に入れた村民が拷問にかけられるような地域がまだ各地に残る中国で、たった一人からスタートしたNGOが10年以上存続し、成果を上げているのは奇跡だった。いろいろ知りたいことはあったが、とにかく現地を見て話を聞くことにする。

畸形動物を見学にくる人々

5月2日。北京から河南省省都の鄭州《ていしゅう》までは高速鉄道で2時間半の道のりだった。鉄道部汚職の温床として悪名高い高速鉄道だが、この日独加仏技術のハイブリッド鉄道がもたらした中国国内移動の時間短縮は革命的だ。2005年7月に河南省のエイズ村を訪れたときは、たしか眠れぬ夜行で7、8時間かけて漯河《るいが》駅に夜明け前に到着した。今度は昼間、快適なシートに身を沈めて車窓に飛んでいく農村風景を眺めている。

鄭州東駅に着いてから、霍氏に電話連絡をいれ、現地に詳しい運転手の連絡先を紹介してもらった。彼も呉という姓だった。もともと沈丘県の「がん村」の村民であった運転手は、今は鄭州空港近くに移り住みハイヤー業で生計を立てていた。霍氏の活動に賛同し、霍氏を訪問する客人に対しては格安で車を出してくれるという。呉運転手は「オレの息子が運転しても構わないか？」というので、構わないと答えると、いったん空港近くの自宅まで連れて行かれ、息子を紹介された。高校生か、と思うような幼い顔をしていたので、一瞬驚いたが、すでに成人しているという。

「16歳のときから運転している」。腕は確かだと父親は胸をはった。目的地の周口《しゅうこう》市沈丘県まで軽く350キロ以上ある。若くて体力のある息子に任せたいようだ。この息子を小呉《しょうご》と呼ぶことにする。小呉は運転席に座ると、安定したハンドルさばきで、少々スピード狂だった。道中を急ぐ私にとっては好都合だ。90后（90年代生まれ）のいまどきの若者らしく、自信家でしゃべり好きだった。

高速道路を南下する車窓からは5月の遅い午後の日差しに、青く輝く麦畑が広がっていた。窓は閉めていたが、麦の揺れる音が聞こえるようだ。「きれいな麦だね」と私がつぶやくと、「あと1か月もすると、これが金色に変わる。そのころまた来るといいよ」と小呉。「こういうきれいな風景のところでも、実は汚染があるのかな」と私。「空を見てごらんよ。ずっとこんな感じだよ。青空なんて、ほとんど見ない」。確かに麦畑は美しかったが、空はぼんやりとくすんでいる。「大気汚染もひどいし、水汚染もひどい」と小呉は続けた。

「漯河は汚染のひどいところで有名だ」

ちょうど、「漯河」への降り口を示す青い看板を走り過ぎた。私は2005年7月に「漯河」に行った話をした。「夜行列車の中で、耳たぶのない赤ん坊と、指が6本ある幼児を見かけたので、驚いたのだけれど、同行の友人によれば、それは汚染のせいだと言っていた。そのころから汚染状況は改善されていないのかな」。

「改善どころか悪くなっていると思うよ」と小呉。

「どうして汚染は改善しないんだろう?」と私。

「いいかい、河南は中国で一番問題を抱えているところなんだ。最大の問題は汚職だよ。汚職があるから、汚染がよくならない」。童顔の小呉が妙に「わかった風」な話し方をするので、思わず笑みがこぼれた。がん村で汚染に苦しめられた父親が、そんなふうに教えているのかもしれない。

漯河の汚染の深刻さは、中国メディアもしばしば取り上げていた。その象徴は「畸形動物」の多さだろう。脚が4本あるあひるや、肛門が2つある鶏、鼻と口が3つある豚、脚が6本ある牛、頭が2つある蛇、甲羅が反り返っている亀……。全部、過去数年の間に漯河付近で見つかり、地元動物園に持ち込まれている。「怪胎《かいたい》（畸形）の里」とささやく人もいた。2013年4月、地元紙・大河報記者がこれら「汚染による畸形動物」の取材をして写真も掲載していた。驚くことには、こういう畸形動物が生まれても気持ち悪がるどころか、「珍しい動物」感覚で各地から見物にくる人も多いとか。鼻と口が3つある子豚が生まれたのは2013年4月だが、その豚の持ち主は、子豚が自分でえさを食べられないというので、壊れた注射器でブドウ糖液を吸い取っては子豚の口に含ませて大事に育てていた。「遠くの村から毎日のようにこの豚を見学にくるのよ」と嬉しそうに話していた。「鼻が3つあるだけで、普通の豚と同じ、自力で歩けるわ」とも。

「怪胎」ニュースは地方の「びっくりニュース」として近年、よく報じられるようになったが、記事の末尾にはたいてい、「肉は食べても大丈夫」といった獣医のコメントなどが載っており、農村ではこういう畸形の家畜が生まれたときの一番の関心事が肉を廃棄する必要があるかどうかであるかをうかがわせた。

こういうニュースを見ると、2005年に私が夜行列車の中で出会った障害のある赤ん坊が汚染と関係あるのだという、友人の指摘は説得力が出てくる。記事では、こういう畸形動物の原因として考えられるものとして、農薬、化学肥料、飼料に含まれる成長ホルモン剤、そして地域の工業排水汚染などが挙げられていた。人間の胎児に影響があっても不思議ではない。ただ、人間の場合は、「珍しい動物が生まれた」といって面白がることはできない。哀しくて胸がつまる。

周口市に到着したのは日が落ちた後だった。霍氏に到着を知らせたあと、地元のビジネスホテルに行き、小呉と2人分の部屋をとった。ホテルのロビーで待機していると、霍氏がやってきた。テレビや新聞記事の写真で見知った顔であったが、実際会ってみると、小柄でなで肩の華奢な男性だったのに驚いた。霍岱珊の名前は、中国の環境保護史上のビッグネームであり、強い信念をもったタフな男のイメージがあったからだ。2013年に還暦を迎えたが、年齢よりはずっと若々しく見えた。

彼は「歓迎、歓迎」と言いながら私の手を握った。節くれ、乾いてはいたが、小さな女性のような手だ。食事の用意をしているからと、近くの火鍋屋に誘われた。予想以上の豪華な個室のテーブルで、取材をお願いする側がこのような接待を受けてはまずいなあ、と内心焦った。NGOを手伝う霍氏の2人の息子たちも席についていた。父親よりずっと背の高いハンサムな若者たちだ。

この流れでは、私が財布を取り出すことはなかなかできない。中国は会食の代金を誰が持つかというのは、「面子《メンツ》」の問題として結構、敏感である。儀礼的に、お互い私が払いますと3度くらいのやり取りをするのは普通だが、本気でこちらが代金を払うつもりなら、相手が会計を済ませるより先にトイレにでも行くふりをして席を立って、こっそり先に支払いを済ませなくてはならない。だがそうすると、下手をすると、相手側の面子をつぶしたことになり、関係がぎくしゃくすることもある。

各々の席の前におかれた一人前用のアルミ製の小さな火鍋はすぐにぐつぐつと煮えてきた。次から次へと運ばれてくる肉や野菜を、どうぞどうぞ、と勧められる。難しいことを考えるのはやめることにする。おなかもすいているし、ここは無邪気に「いただきます！」と感激してごちそうになるのが中国流だ。おそらくは、ジャーナリストとしてではなく、長い付き合いの大塚氏の「校友」として迎えられたのだろう。友人の友人は友人である、というのが中国的ネットワーク社会である。

食事をしながら、NGO「淮河衛士」の概要について聞いた。といっても、資料は読み込んでいるので、基本的なことはほぼ頭に入っている。

工場の赤い廃水と母親のがん死

霍岱珊《かくたいさん》氏は1953年、河南省沈丘県生まれ。本業はフォトジャーナリストである。小さいころは体が弱く、歩き始めるのも遅かったそうだ。だが成長するにともない体も強くなり、成人した1973年、兵隊に志願し軍に入った。代理班長にまで出世している。その後、政府統計員に転属した。そこで統計、データ収集、取材のノウハウを身につける。また趣味で始めたカメラの腕が買われて、87年から「民族画報」の特約記者にもなった。

河川汚染問題に関心をもつきっかけとなったのは、母親の死だった。46歳の若さで大腸がんで亡くなった。1975年のことだ。痛みに苦しみぬいた母親の臨終に、霍氏は兵役のために立ち会うことはできず、大きな悔いを残した。霍氏の家は沈丘県北部の淮河支流・護城河の川辺にあった。母の死を弔ったあと、川辺に行くと、水が赤かった。近くに工場があり、そこの排水口から赤い廃水が流れていたのだ。これは母親の病と関係あるのではないか、と思ったという。だが衛生省が73年から75年に行った調査では沈丘県でのがんの発生率は10万人に対し64人で全国平均より低かった。

工場の前に掲げられた排水基準を記したパネル。NGO淮河衛士が、工場排水の環境基準を確認するために設置している。（筆者撮影）

90年代に入り、河川汚染のひどさはもはや隠せなくなっていた。決定的だったのは94年7月。淮河の最大支流沙潁《さえい》河で、河面一面に白い腹をみせて浮かぶおびただしい数の魚の死骸を見つけ、震える指でシャッターを押した。もともとは淮河の普通の景色を撮影しに行った。だが「普通の景色」などどこにもなかったのだ。河にカメラを向ければ「汚染」しか写らなかった。

淮河流域の村民たちの間でこんなざれ歌が歌われ始めていた。

50年代、米とぎ野菜を洗った

60年代、洗濯、灌漑に使えた
70年代、水質が悪化し、
80年代、魚やエビが絶滅し
90年代　がんや下痢が発生した…

流域ではがんや下痢など奇病を訴える人が急激に増えてきた時代だった。

94年7月、突発性豪雨により上流の貯水池の水2億立方メートルが淮河に流れ込む事件があった。このとき、河の水面一面が白い泡で包まれ、魚が大量に死ぬ事件があった。この事件以降、中国政府も淮河汚染問題に注目するようになった。関連法規も整備し始められる。淮河汚染についても政府は「97年目標」という工業汚染源・水汚染解決目標数値をかかげた。政府の関連部門が本気を出せば、淮河汚染もすぐに解決するだろうと言われた。そのころ、霍氏はまだその楽観を信じていた。

がんで死んだ友人の遺言

ところがそんな矢先に深刻な事件が起きる。

ちょうど新聞記者に転職したころだ。96年、北京皮革雑誌編集を経て97年、地元紙・周口日報の写真記者となった。皮革雑誌時代に、皮革産業と環境汚染の問題についてかなり取材した。周口日報に移ると、淮河周辺の現場取材が多くなった。

あるとき、大勢の村民が汚染された水を持って、沈丘県大槐店《だいかいてん》鎮鎮長の倪安民《げいあんみん》氏のもとへ陳情に訪れていた。霍氏もその場に居合わせた。倪氏は霍氏の幼馴染で、淮河の汚染問題についても、かねてから情報を交換しあっていた。倪氏は河の汚染の深刻さも理解し、懸命に上級政府に改善を訴えかけていた。だが、汚染被害を訴える村民との間に立つ中間管理職的立場でもあった。大勢の陳情者を迎えて倪氏は、ただ上級政府の返答を待つべきだとなだめる言葉しか持たなかった。汚染を憤る村民たちはそれでは満足せず、器に汲んだ真っ黒な淮河の水を鼻先に突き付け、これを飲めと、せまったのだ。村民たちは殺気だっていた。もともと熱血な性格の倪氏は、思わずその器を奪い、ごくごくと黒い汚染水を飲みくだした。それまで「汚染水を飲め！」と叫んでいた村民たちは、シーンと凍りついたようになった、という。

その後、まもなく倪氏は食道がんを発病する。霍氏が病床の倪氏を見舞うと、倪氏は力の入らぬ震える手で霍氏の手を握り、「汚染の真相をどうか暴いてほしい」と訴えた。彼のがんは、淮河の汚染水が原因であると思われた。その夜、霍氏は新聞社を辞職し、自分の一生を淮河の汚染問題告発に捧げることを決意したという。1997年暮れのことだった。倪氏はその年、亡くなった。

再び淮河のほとりに写真を撮りに行くと、以前と変わらずやはり大量の死んだ魚が浮いていた。水利部は「淮河水委員会」を1998年1月に設立し、効果的な水汚染改善に取り組むと宣言した。だが、改善されていなかった。

98年1月に倪氏との約束を守るために新聞社を辞めた霍氏は20万元の貯金を切り崩しながら、自力で沙潁河上流の石人山、少室山、中流の漯河、周口、さらに下流の安徽省、江蘇省にいたるまで、淮河沿いを歩き、流域に住む人々の聞き取り調査をし、写真を撮り、その汚染の実態に迫ろうとした。淮河沿いのおよそ20県市を訪れ、河岸3万キロにわたり2万カットの流域写真を撮影した。

99年、中央政府の関連部局は淮河の汚染対策について「すでに初歩的な成果があった」と宣言した。だが、現場を歩き回った霍氏は「実態は違う」ということがわかっていた。水質検査時にわざわざ上流のダム湖からきれいな水を大量に流して、汚染を「薄めて」検査を行ったり、工場排水のサンプル調査をするときすでに浄化処理済みの排水を「直接排水」だと偽ったりして検査していた。河沿いに住む村民たちの間では「きれいな水がダムから放水されるのは、検査員が来る合図だ」と噂になった。霍氏はこの実態を中央政府の関係部門への手紙に書いた。「汚染対策は不正だらけです！」と。

淮河の汚染は沙潁河が特にひどく、その汚臭は、鼻にくるだけでなく眼も開けられない刺激があった。霍氏は当時のことをこう書いている。

「1999年秋、私は淮河の岸部にある趙古台村の手押しポンプ式井戸を撮影していた。そこで何名かの中年婦人に話しかけられ、これは水汚染の人の健康への影響を研究するためだと答えた。……その三名の婦人は忽ち顔色を変え、目から涙をあふれさせ、袖で顔を隠して、涙を拭きながら立ち去っていった。……彼女たちの夫はみながんで亡くなり、うち一人は亡くなってから100日もたっていないということを知らされた……」（アジ研ワールドトレンドNo．122 2005．11）

淮河衛士――気骨のフォトジャーナリストが作り上げたNGO

このころから、霍氏はがん村の存在を強く認識するようになった。その冬、沙頴河から100メートルも離れていない中学校に取材に行った。教室で並んで座って授業を聞いている生徒たちは河から流れてくるすさまじい汚水の臭気に耐えられず、みなマスクを着けていた。ある生徒は、刺激から目を守るためにサングラスをかけていた。まるで細菌実験室のような光景だった。

「この写真撮影を終えたのち、沈丘大槐店堰まで行ってみた。河の臭いを近くで嗅いでみたいと思った。汚染で黒い河の水の中にはたくさんの魚が死んで腐乱し、悪臭を放っていた。息を止めて、三脚を立てて写真を撮ろうとした。そのとき、目が腫れてうずき始め、頭がどんどん膨張するような、周りがみな大きくなってうねっているような感覚に陥り、足もふにゃふにゃになった。怖い！　逃げなくては。河辺の臭いはちょうど私が兵隊で訓練を受けているときにかいだ、ガス爆弾が爆発した時に出る硫化水素ガスのようであった……」（同）

霍氏はこのあと、ガスマスクを探し出してきて仲間とともに再度撮影に来た。

この時の学校の写真「花々の汚染への抵抗」は、２０００年６月５日の世界環境デーの中央テレビ特番に紹介され、その後、主要紙、雑誌に転載され、淮河汚染の深刻さを告発する衝撃の一枚となった。

このテレビ放送は淮河汚染の問題を中国全土に知らしめる効果があった。テレビを見た河南省の副省長が翌々日にすぐこの中学校を隠密に訪れ、現状を視察。すぐに資金を供出し、深い井戸を設置し、村民に安全な水を提供するための水道を敷設した。

この省の素早い対応に霍氏は希望を感じた。だが、同時に敵も現れはじめる。

あるとき、環境保護局汚染管理部門に、自分の写真を証拠に持って沙潁河の汚染状況を陳情に行ったとき、担当の役人は企業の排水検査データを示しながら、「汚染は深刻ではない」と言い張った。霍氏は「このデータは全部、嘘です」と反論した。「実際水はますます臭く、ますます黒くなっている」。すると担当の役人は怒りをあらわにして「まさかお前らが飲む水はミネラルウォーターぐらい綺麗でなきゃダメだっていうのか？」と逆切れした。そして乱暴に霍氏を門外につまみ出したのだった。

またある汚染企業の排水口の写真をこっそり撮影に行ったとき。すっかり日が暮れた人通りの少ない帰り道を自転車にのって帰る途中、怪しいバイクに後をつけられた。やがて待ち伏せしていた乗用車と挟み打ちにされ、降りてきた数人の男に殴る蹴るの暴行を受けた。男たちは「なんで殴られるかお前が一番わかっているだろう! もう余計なことに首を突っ込むな」と嘲笑いながら、はいつくばる霍氏が気を失うまで殴った。カメラも壊された。

しばらくして、意識が戻った。腫れた目を開くと星のない夜空が見えた。道端にぼろ雑巾のように倒れていた。唇が切れ、体中が痛んだ。こんな姿で、自宅に帰れない、と思った。もし自宅に帰り、妻や子供たちが自分の怪我を見れば心配のあまり、環境保護活動から手を引いてくれと懇願するかもしれない。痛む体を引きずりながら自転車を押して、親戚の家に行き、1週間ひきこもって怪我の治療に専念した。1週間後、目元の傷を隠すためにサングラスをかけて帰宅し、妻には「自転車で転んだ」と言い訳した。だが、妻は真実を知っていた。「もう淮河の環境問題から手を引いてちょうだい」と泣いて懇願された。自宅には匿名の脅迫電話がひっきりなしにかかっていた。環境保護活動のために仕事を辞めて収入がなくなっただけではない。暴力や嫌がらせにもさらされる。汚染された悪臭の川辺で何時間もカメラを構える霍氏は吐き気や頭痛、喉の痛みなどに悩まされた。

「私が河の写真を撮りに行こうとすると、妻はいつもそれを止めようと懸命だった。だから河の写真を撮りに行くときは、黙って自転車で出かけるようにした。でも、十数キロ走ったところで振り返ると、妻も自転車に乗って、こっそりつけて来ていた。胸が熱くなったよ。以来、家族にはすまないことばかりしている」

当時の家族の苦労を振り返るときの霍氏の声は、すこし震える。

「淮河衛士」という民間環境保護NGOを正式に設立したのは2003年10月。この翌月、霍氏は環境記者にとって栄誉のある第6回杜邦環境報道一等賞を受賞し賞金3000元を手にした。この金もすべて、がん村救済活動に充てた。

以来10年、霍氏は自分の淮河汚染の写真を精選し105枚のパネル写真をつくり、北京、河南、安徽、江蘇、湖北などの大学や教育施設で70回以上の展覧会を開き、延べ100万人の聴衆に淮河保護の必要性を訴える講演会を行ってきた。やがて出稼ぎに行っていた息子たちが故郷にもどり、父親の活動を手伝うようになった。各地からボランティアとして参加する人も増えてきた。

霍氏が行ってきた清潔な飲料水救助・医療衛生救助・淮河水質長期追跡調査とモニタリングの成果は、国内外からきわめて高く評価された。淮河衛士が政府に陳情し続けたことで、沈丘県には2005年までに46の井戸が掘られ、県民13万人の飲料水問題を基本的に解決した。2004年から07年までの3年間に100万元相当の医薬品などの支援物資を集め、200名以上のがん患者を支援した。

さらに2005年から2008年にかけて、「蓮花モデル」という環境保護モデルを作り上げた。この蓮花とは、淮河の汚染源企業、「河南省蓮花味精《れんかみせい》集団」の名前から取っている。汚染源企業に汚染対策、環境保護対策に参画させる対話モデルとして、淮河衛士が確立したものだった。

未処理廃水を夜中にこっそり流す

「河南蓮花味精」は83年から周口市の味精工場からスタートし、1993年から2005年まで日本の「味の素」と合弁事業契約を結んでいた。蓮花味精側49％、味の素41％、味の素（中国）10％の出資比率で「蓮花味之素」という企業名で94年から操業した。その後、中国国務院指定の520の重点企業の一つに成長した。05年に味の素が資本撤退し、蓮花味精の名に戻っている。現在の工場は淮河沿いの項城市に移っているが、1.8万人以上の従業員をかかえ年30万トン以上の味精（うま味調味料）を生産し、中国味精市場の4割以上、輸出味精の8割を占めている。この企業は長年、淮河汚染の主要原因企業の一つだった。

2003年ごろまでは、その工場の排水口からは、黄色く濁った酸っぱい匂いのする発酵廃水を毎日12万トンペースで隠れて流していたという。もちろん、この企業も97年までには立派な汚水浄化施設を設置し、表向きは廃水は河に流される前に浄化処理をしていることになっていた。だが、浄化処理をするとその費用だけで1日10万元近く余分にかかる。利益重視の企業は、未処理廃水を夜にこっそり流す「偸排《とうはい》」と呼ばれる方法で汚水を流していたのだ。霍氏は、この偸排を監視しようと工場の排水口の前で見張りをしたりもしていた。このころ、淮河衛士と蓮花味精（蓮花味之素）の関係は、抜き身の刀を下げてにらみ合うような緊張感に満ちていたという。

2003年、国家環境保護総局が隠密調査を行い、この「偸排」の事実を突き止め蓮花側に1200万元以上の罰金を科した。まだ日本味の素との合弁企業時代であり、日中関係が悪かった小泉内閣時代ということもあって、「著名な日系企業による悪質な河川汚染の問題」は中国では非難の的となった。この事件後まもなくの2005年、「味の素」は蓮花味精から完全資本撤退を発表する。蓮花側は、「味の素」側に見捨てられたという、若干の恨みを持っていたと聞く。

だが、そうして日本資本に見捨てられ追い込まれたおかげで、蓮花味精は大企業のプライドを捨て、NGO「淮河衛士」との直接対話に応じるようになった。「環境をおろそかにし、地元民を敵に回せば、企業としての将来がない」との認識にいたり、積極的にNGOの監督を受けることで、企業の信用を担保する環境保護協力モデルを作り上げることになった。それが「蓮花モデル」である。

この時、霍氏は、大企業と徹底的に対決するのではなく、妥協して話し合うことでしか、中国の汚染問題は解決しえないことに思い至ったという。「企業責任者と直接対話したとき、責任者たちの態度はだいたい悪くない。ただ、企業の執行制度、企業運営のプロセスに問題があるのだ」。

項城市の河南蓮花味精本社玄関。（筆者撮影）

これにより企業側は積極的にＮＧＯによって排水基準などの監視を受け、村民、市民とも環境問題について対話するようになった。また２００６年に国家環境保護当局内に、ホットラインを設置してもらい、淮河衛士が環境汚染を発見したときにそのホットラインで報告すれば、すぐさま責任者が調査に乗り出し、報告・意見書を出すというシステムも作り上げた。

こういった功績の積み重ねにより、霍氏は２００７年末には「グリーン・チャイナ・イヤーパーソン（緑色中国年度人物）賞」を受賞した８人の一人に選ばれた。清華大学の教授や中央テレビの著名ジャーナリストらに並んで、唯一の草の根民間ＮＧＯの受賞だった。２０１０年にはアジアの「ノーベル平和賞」との呼び名もあるフィリピンの「マグサイサイ賞」を受賞した。……

記事で読んだ記憶などを思い出しながら、時折質問し雑談し、同時に自分の本の構想などを説明した。

やがて火鍋のスープがすっかり煮詰まって、ミニコンロの燃料も尽きたころ、霍氏が「明日の予定だけれど」と、スケジュールを説明しはじめた。「武漢大学の学生雑誌・新青年時代の学生記者も来るのだけれど、一緒でいいかい?」「もちろんです!」。正直、農村の人たちにインタビューしても、重い河南なまりを聞き取ることができるか不安に思っていた。学生記者が同行するなら、彼女らに聞き取れない部分を教えてもらうことができる。

「では学生記者たちと一緒に蓮花味精を訪問して、(がん村の)黄孟営《こうもうえい》村と孟寨《もうさい》村、東孫楼《とうそんろう》村に行くというスケジュールでいいかね」

「あの、潁沙河の汚染状況を確かめたいのですが。まだ河には畸形の魚が多いんでしょうか」

「では早朝にまず河に連れていってあげよう。河の水は本当にきれいになったよ。自分の目で確かめてほしい」

火鍋のスープが煮詰まり宴が終わった。私は小呉とともにホテルに戻った。

畸形の魚

翌朝、小呉の車に乗って霍氏とともに、沙潁河に向かった。

通りは朝市で混雑し、ほんの目と鼻の先の距離なのに、車が進まない。もうもうと上がる土ぼこりの中を、バイクやリヤカー、鶏やアヒル、ガチョウまでが押し合いへし合いし、路肩では野菜や朝食を売る露店が出ている。ちょうど、河南省でも鳥インフルエンザのヒト感染が出ていた時期だったが、地元の人たちは気にする様子もなく、生きた家禽を素手で売り買いしていた。そうやって本来の10倍くらいの時間をかけて河にたどり着いた。

沙潁河は淮河最大の支流。とうとうと水が流れていた。こっちから降りようと、霍氏の手招きに従って橋のたもとから水辺に降りた。ちょうど、中年女性がこちらに背を向けてバケツで河から水を汲んでいた。私たちが水辺に降りていくと、霍氏に気づき、顔見知りのようにあいさつを交わした。霍氏はバケツの中の水を見ろと、指出す。覗き込むと、薄い緑色をしているが透明度は高く、特に臭いもない。

「どうです、きれいな水になったでしょう！」と霍氏が胸を張って笑った。2004年撮影の写真では、この沙潁河の水面一面は、工場排水のピンクの発砲スチロールのような分厚い泡が浮いていた（口絵参照）。当時のショッキングな写真が嘘のようにきれいになっていた。

中年女性はそのまま水を持って橋に上がっていった。橋の上には露店が並んでいるので、そこでの洗い物に使う水らしい。霍氏はその女性が水を汲んでいたところにしゃがみ、手で何度も水をすくってまるで飲むように顔に近づけた。「よし、臭いがまったくない」と嬉しそうにつぶやく。

少し先に、土手から魚網を投げている老人がいた。どんな魚を捕っているのか。近づいて、たぐりあげる網を見ると10センチ程度のモロコのような魚が数匹ひっかかっていた。いびつな形のものもいて、水がきれいになっても水生動物には影響が残るのか、と改めて思った。

「まだ背中の曲がった魚がいますね」

私が指摘すると、霍氏は「泥がいけないんだ。水がきれいになっても、汚染された泥が底にたまっている。河の流れが緩やかだから。魚は泥の中の餌を食べているから、畸形がまだ多い」と答えた。

橋の上に戻ると、魚の市があった。プラスチックの盥に、早朝河で捕った魚を入れて量り売りしている。「自由に写真を撮っていいよ。このあたりの市場の人はみな私の知り合いだ」と霍氏が促すので、魚の盥を一つひとつ覗き込んでみる。一つの盥には数十匹の小魚が入っているが、1匹くらいは畸形の魚がいた。頭のすぐ後ろが尾になっている寸胴のフナ、背骨がぐんにゃり曲がったモロコのような魚、形のいびつななまず……。100匹に1匹くらいの割合で、へんな魚が混じっていた。畸形率1パーセントって、高いのだろうか。

私が畸形の魚の写真を撮っていると、ある中年男性が魚を買いにきた。魚売りは無造作に盥から魚をつかみだしビニール袋に投げ込む。寸詰まりの胴の短い畸形の魚もビニールの中に紛れ込んだ。霍氏が、その魚は畸形だよ、と注意する。魚売りは慌てて、畸形の魚をビニール袋から取り出そうとしたが、客の中年男性は「ああ、構わないよ」とそれを静止した。私が思わず「危ないとか、気持ち悪いと思わないのですか」と問うと、「胃の中に入ってしまえば、同じだよ」と平然と答えた。男性は畸形の魚を買っていった。

周口市の朝市で売られていた胴の短い畸形の魚。ほかにも口絵(P.3)の背骨の曲がった魚なども。(筆者撮影)

霍氏が「私は食べない。しかし、地元の人たちの多くは、そこまでの意識がない。汚染があるということはわかっているんだけど、自分や家族が病気になったりしないかぎりは、実感しないんだ」と驚く私に説明した。

「畸形の魚を食べると健康に影響があると思いますか?」

「さあ、わからない。私は影響があると思うが……。この人たちは魚自体、そんなにたくさん食べているわけじゃないから」

霍氏は「食べてはいけない」と中年男性に強制はしなかった。河そばに暮らす人からすればそんなことを気にしていられないことがわかっているふうだった。何十年も汚染の中で暮らしている人々にとっては、もう今さらの話なのだ、たぶん。

「畸形の魚を差別したらかわいそうだ」と霍氏はぽつりといった。盥の水の中で泳いでいた背骨の曲がった魚を指さして、「これを」と魚売りに頼む。魚売りは霍氏とは顔見知りらしく、慣れたように、ビニール袋に水と一緒に生きた畸形魚を入れた。霍氏がこれを食べるために買うのではないことを知っているのだ。橋の上に並ぶ魚売りたちの盥を順番に見て、目についた生きた畸形魚を買い、水入りのビニール袋に入れた。「畸形の魚を見つけたら買うことにしているんだ」と霍氏は言った。売れ残ったらかわいそうだから。

その魚入り袋を持って小呉の車に再び乗り込みNGO淮河衛士の事務所に行った。入り口のところに大きな水槽があり、そこには畸形の魚たちが飼われていた。買ってきたばかりの新しい畸形魚を水槽に入れた。霍氏は「かわいそうな魚たち。人間のせいでこんなになって」と再びつぶやいた。二人してしばらく、ぐにゃぐにゃと背中の曲がった魚が水槽の中でゆらゆら泳ぐのを見つめていた。

「ここにいれば周りの魚がみんなぐにゃぐにゃだから、自分の体がおかしいと気づかなくてすみますよね、魚たちは」と言うと、「ああ……」とうめくような、ため息のような声だけが返ってきた。

霍氏の携帯電話が鳴った。武漢大学の学生記者たちが周口市に着いたらしい。霍氏の長男の浩傑氏が車で彼女らを迎えにいっていた。「では私たちも蓮花味精に行こう」小呉の車で合流することになった。

蓮花モデル——汚染企業はどう変わったか

武漢大学の学内雑誌・新青年時代の学生記者は張維納と何露露と名乗った。「うちの雑誌、創刊10年目なの。10年前は『青年時代』という雑誌名だったけど。10周年の特集記事で、昔、先輩記者たちが取材した現場をもう一度訪れてみよう、ってことになって」

二人とも若くはつらつとした女子大生記者たちだった。メガネをかけて、聡明そうな顔立ちをしている。言葉は標準語で河南省駐馬店市の出身だというので河南なまりは馴れている。「沈丘県のがん村は先輩記者たちが2005年春節に取材した現場なの。8年前に先輩記者が出会ったがん患者はどうなったのか、汚染の河の状況はどうなっているのかを比較しながら取材しようと……」。彼女らは口々にそう説明した。

ICレコーダーではなく、ノートとペンを取り出していた。私は自分で写真も撮るので、相手が拒否しなければICレコーダーを使うが、ICレコーダーに頼りきるようになったら、記者の老化だと思っている。若い記者の頭脳は、ノートに走り書きした乱雑なキーワードの羅列で、取材対象の言葉や表情の記憶を復元できるものだ。私も昔はそうだった。ノートとペンを構えるのを見て、若いんだな、と懐かしく思った。だが、二人ともカメラは持っていなかった。サムスンのスマートフォンで写真を撮るつもりらしかった。

何露露が、私が首からぶら下げていたＬｕｍｉｘのカメラを見て「あー、私もちゃんとしたカメラを持ってくればよかった」と声を上げた。すかさず「私、写真はそんなうまいほうじゃないけれど、それでいいなら全部提供するよ」と申し出た。「その代わり、河南なまりでわからないところがあったら通訳してくれない？」。彼女らは喜んで、その取引に応じてくれた。

彼女らと一緒に、蓮花モデルの名前の由来となった企業・蓮花味精を訪れた。かつての最大汚染源企業。今は、淮河衛士に協力する環境企業の代名詞となった。

蓮花味精の本社は今は周口市下級の項城《こうじょう》市にある。袁世凱《えんせいがい》生誕の地だな、と関係ないことを想起する。「蓮花大通」に面したところに駐車場付きの立派なオフィスがあった。いや本社オフィスの前の通りに企業名をつけたのだ。それだけこの地の経済を支える最大納税企業であるということだ。正面玄関をくぐると蓮のつぼみをかたどった企業ロゴのついた社名のオレンジ色のパネルがある。蓮花味精環境保安部の周陽《しゅうよう》部長に、２階の会議室に案内された。周陽部長は青年といってよい印象の若々しい人だった。

蓮花味精が民間NGOによる監督・監視を積極的に受け入れる方針に転換したのは2005年。日本味の素が資本撤退した後のことだ。当時は、周部長の前任の高立棟氏が環境保護部長だった。霍氏はそのときのことを振り返って言う。「彼らが初めて私のところにきて、計画を提示したときは鳥肌がたったよ。それまで敵だった存在が急にパートナーになるわけだから」。

高立棟氏らは「生物脱窒素メカニズムによる汚水処理」（SBR法）を使って、廃水を浄化し、除去物を再利用し、農業用複合肥料の製造を行うリサイクルシステムを導入する計画を提案し、霍氏の協力をあおいだ。霍氏は工場の排水口を監視し、その実態を第三者として監督し公表することでネット上の汚染に対する世論監督機能を形成する役割をになった。環境情報公開弁法という新法が施行された2007年からこのシステムは実働し、蓮花味精の排水は目下、環境保護当局が示す基準を満たしている。

過去一日12万トンの汚水排水は1万トン以下に減り、汚水中のCOD含有量も1リットル当たり12グラムから70ミリグラム以下に減少させた。アンモニア窒素含有量も1リットル当たり320ミリグラムから5ミリグラム以下に。沙潁河の水質は劇的に改善した。

ついでに言えば、このモデルのおかげで、電力や二酸化炭素の排気も減少し、石炭換算で年16・74万トンの省エネになったとも。

このシステムで製造される複合肥料は年産量50万トンにのぼり、中国第一の有機肥料のブランドとして蓮花味精の主要商品の一つとなった。汚水処理施設の外壁には「淮河衛士」の署名の入った環境情報公示板が設置され、企業の発表する公式データの信頼性を民間NGOが裏付けるかっこうになっている。

中国では今なお企業の8割が「偸排」を行っているという。中華環境保護聯合会の曾暁東《そぎょうとう》会長が2013年7月の環境保護司法フォーラムという公式の場で、そう非難した。「すでに偸排は企業習慣である」と。「偸排」とは、工場として建前上、汚水処理施設や浄化装置などを設置しているにもかかわらず、それを稼働させるとメンテナンスなどの経費がかさむために、環境保護当局の査察が入るときだけ稼働させ、その他のときは監視の目をかいくぐってひそかに未処理廃水をそのまま垂れ流すことだ。汚水処理が企業にとって金のかかる面倒なこと、という認識だったのだ。

周部長も「昔は100万回、偸排した」と苦笑いした。100万回というのは具体的数ではなく、非常に頻繁にという意味の形容だ。

蓮花モデルの場合、汚水システムをリサイクル商品製造工程につなげることで、汚水処理の経済負担問題を解決するという発想と、民間NGOの監督によって偸排やデータのごまかしをなくすことに大きな意味があった。「敵対していた企業と環境NGOの対話が実現したことが、周辺に大きな影響を与えた」と周部長。蓮花モデルは、企業の汚水処理モデルの全国的な成功例となり、国内外メディアでもかなり取り上げられた。蓮花モデルは、その後、蓮花一企業にとどまらず沙潁河周辺の皮革企業や製紙企業などが参加し広がった。

インタビューはもっぱら女子大生記者二人が行い、私はそれを同席して聞いている形になった。一応外国人がジャーナリストビザなしに正式な企業インタビューを行うのはまずいだろうという思いがあったし、周部長の河南なまりも相当強く、私には完全に聞き取れなかったのだ。だが私も、ふと気になって口をはさむことがあった。

なぜ環境エンジニアに？

「武漢の理工大学で、環境学を学びました。小さいころから、汚染を目の当たりにしていたからでしょうか。自然と環境学を志したのです」

彼は95年に卒業し、蓮花味精に入社した。

70年代からすでに深刻な汚染の淮河流域の農村で生まれた子供は、黒い汚れた河を見つめながら、いつか大人になったらこの河をきれいにしてやる、と思いながら成長したのだった。ならば入社当時の90年代、偸排を当たり前のようにしていた企業の姿勢に若いエンジニアはずいぶん苦しんだことだろう。

もう一つ気になることを聞いた。

「汚染を一番垂れ流していたのは、日本企業・味の素の資本が入っていた蓮花味之素時代ですよね。2005年の日本の味の素の資本撤退は一部で、汚染の責任から逃げた、というふうに報道されましたが、どう思いますか?」

周部長は「資本の撤退の理由は、環境改善のためにさらに投資するより、撤退したほうがいい、と判断したからだと思う」と答えた。

「当時、中央環境保護(環保)当局は味精産業に高汚染産業だというレッテルを貼っていた。環境保護のために、中国全体で味精産業から手を引いてもいい、産業全体を捨ててもいい、とすら思うほど厳しい態度で、この分野にもう将来性はないと思われていた」

2005年といえば、ちょうど日中関係も悪化していたころだ。淮河汚染の原因企業は、味精以外にも皮革業、製紙業など多々あるのだが、日本の「味の素」が大企業ということもあって象徴的に批判の矢面に立たされたのだろう。「味の素の資本撤退で、残された蓮花は危機に追い詰められた」

霍氏がこの言葉を引き継いだ。

「だが、それをきっかけに蓮花モデルができて、産業全体が救われた」

日系企業と汚染

「味の素」広報側に資本撤退までのいきさつについて問い合わせると、次のような説明を受けた。文書で回答していただいたので、少々長いが紹介する。

「味の素は1993年の河南蓮花集団との合弁事業契約締結に当たって、環境保全については双方が十分重要だという認識ではじまりました。排水、排気、排渣の三排技術は、パートナーである蓮花集団が提供し、パートナー側の責任において政府認可を取得するとの契約に基づき1994年から操業を開始しました。1996年に国家基準（汚水統合排出基準）の変更があり、中国側パートナーからの要請もあり合弁会社との同意のもと、当社の技術導入を実施し対応を図りました。結果、2001年6月11日、河南省環保局より蓮花味の素（有）（中国語名：蓮花味之素）に対して環境保護施設竣工験収合格証の交付を受けました。

ですが2004年8月、当社の回訪の際、蓮花味の素（有）訪問時に環境保全に対しての実施状況に問題意識を持ち、2004年10月、味の素社独自で蓮花味の素（有）の排水管理状況の実態調査（工場内査察、環保管理データ調査、項城市環保局および周口市環保局の外部データの調査）を実施しました。その結果、排水口について、蓮花集団第二排水口（含蓮花味の素（有））およびその他の蓮花集団排水口において項城市環保局の規制値を超えるデータが出ている事が判明しました。当社より蓮花味の素（有）の責任者（中国パートナー側からの出向者）に対して、15項目の改善策の実施を指示し、当該責任者は、2004年12月末までに完了することを約束し、当該改善策が正しく実行されているかどうかを確認するために、2004年11月末から2005年2月にかけて、進捗確認のため当社から技術者を派遣し、フォローしました。（延べ6回、11名の派遣）」

「味の素」本社の汚染処理技術を導入し、環境保護当局から合格証まで受けたにもかかわらず、当時の蓮花味之素には排水基準の違反（偸排）があった。2003年にその偸排が発覚し、罰金を受けた時点で味の素本社はようやく知り、人員を派遣して指導に当たった。

2003年の偸排については、味の素側はこう説明している。「2003年に環保局の摘発を受けたのは蓮花味精集団であり、蓮花味之素は蓮花集団の一部と認定されて罰金処分を受けました。しかしながら、蓮花味之素は概ね排水基準を守りながら運転を行っていました。環保局の摘発を受け『更に蓮花味之素としての環保対応を強化・徹底し、蓮花味精集団から独立した単位として河南省環保局の認定を取得する』という対応を取りました。」

だが結局、味の素は2005年8月、蓮花味之素の持ち分株をすべて売却し、資本撤退する。味の素側としての理由は「蓮花味之素の採算性が悪化し、長期的展望が描けない状況に陥りました。うま味調味料の事業会社として存続が難しかったからで、環境問題とは関係ありません」と言う。

これは蓮花サイドにしてみれば、窮地に陥った状況で見捨てられたということになるかもしれない。その窮地を招いたのが「偸排」という自らのモラルの問題であり、ここから企業としての信用を取り戻すのは並大抵ではなかった。

もう一つ気になることを聞く。「味の素は項城市に、河南味之素アミノ酸社という100％独資企業を持っていますね。この企業との関係はどうですか？」。

河南味之素アミノ酸社は1997年に味の素中国社と蓮花味之素社の合弁会社として設立されたが、蓮花味之素に偸排問題が起きた後の2004年に蓮花味之素の株を味の素中国が買い取って100％独資に切り替えた企業だ。調味料製造ではなく、地元の企業年鑑では製薬企業に分類されている。

これには霍氏が答えた。

「味の素の子会社が私たちの故郷に残ったのは、この地に吸引力があったからですよ。この企業の排水は厳しい基準を設けていて、守られている。淮河衛士は、この企業の工場の前にも『環境情報公示パネル』を掲げて、蓮花モデルに組み入れている。私たちの間に対立はない。協力がある」

味の素広報によれば「河南味之素アミノ酸社の発酵母液処理に関して、固肥化して有効活用する際に、蓮花味精社傘下の肥料会社に処理を委託しています。河南省環保局が認定している固肥工場は蓮花味精の肥料会社のみですので」。

どうやら、過去のわだかまりは解消されているようだ。だが、味の素と河南蓮花味精の関わりから汚染問題を考えると、やはり中国の汚染問題が中国だけの問題ではなく、グローバル経済の中で起きている問題ではないかと考えさせられた。日系企業に限らず、世界の工場・中国に各国の工場が集中し、国際競争に勝つという名目で、「偸排」が「企業文化」とまで言われる中国企業と合弁で事業を行うわけである。当然、外国企業も故意であろうがなかろうが、環境汚染に結果的に加担することもある。その時、「世界の工場」中国により利益を得ている企業や、安価な製品の恩恵を受けている国際社会の消費者が、中国の汚染問題をまったく他人事として見てしまっていいものだろうか。

インタビュー後、近くのレストランで周部長に招待される形で昼食をとった。日本なら、取材相手企業側の接待はまずい。しかもこちらは企業を監視・監督する立場のＮＧＯ側だ。だが、ここは中国の習慣に従うしかない。

沙潁河で捕れた小魚のから揚げが出た。注意深く見たが背骨は曲がっていなかった。だが、背中の曲がった魚も１００匹に１匹は生まれる、あの汚染の残る河で捕れた魚であることは間違いない。他者にはわからぬ程度に一瞬躊躇したが、自分の皿に取り食べた。なかなかうまい。武漢の学生たちも、霍氏も、そして周部長ら企業の人たちもうまそうに食べる。

汚染の河を拒否して、この地では暮らしていけない。中国ではどこに生まれるということの意味は日本以上に重い。移住が制限される特殊な戸籍制度の関係もあって、生まれた土地から、自分を切り離して生きることは日本よりずっと難しい。だから汚染源企業と完全に敵対はできないのだ。汚染の河の魚を食べないわけにもいかないのだ。汚染も恨みも飲み込んで、よりましな方向を模索するしかない。企業の接待のテーブルに参加し、汚染の河の魚をみんなと一緒に食べる私には、それを妥協と批判することはできないな、とぼんやり考えていた。人は生きる場に従うのだ。

がん村の人々

午後に、がん村・黄孟営《こうもうえい》村を訪れた。舗装されていない埃っぽい道を車で行く。農業用水路はアオコが浮き、ゴミが浮かぶ。やはり汚い。もっとも、これは工場による汚染というよりは、村の人々の生活による汚れだろう。

沈丘県のがん村について、すこし説明しておこう。

2013年6月に出版された「淮河流域水環境と消化器官腫瘍死亡図集」によれば、沈丘県だけで2010年の1年に1724人が悪性腫瘍（がん）で死亡したという。安徽省宿州埇橋区の同年2150人死亡のデータとならんで「異常」と警告がなされた。このデータは国家疾病コントロールセンターの調査によるものだ。

黄孟営村は人口2470人の小さな村だが1990年から2005年の間、がんで死亡した人数は116人、死亡者全体の51%を占め、国内外で「がん村」の代名詞のように報じられた。

2005年当時、がん以外にも失明、聾唖、四肢の障害者が41人いた。流産や、知能や内臓に先天性疾患を持って生まれる赤ん坊も珍しくない。10年以上、兵役検査に合格した若者はいない。壮年の8割が慢性腸炎を患っており、男女とわず不妊症も多いという。

隣接する孟寨《もうさい》村は人口2366人で同期間のがん死亡者は103人。人口1697人の孫営《そんえい》村では37人、人口1300人の陳口《ちんこう》村は116人、人口2015人の大褚庄《だいちょしょう》では145人、人口1687人の杜営《とえい》村では187人ががんで死亡。2005年以降のデータは、なぜか公表されなくなった。

「がん村」の存在と問題性は専門家たちの間では十分意識され、一応中国メディアにも何度も報じられてはいるが、その被害があまりにも深刻だという印象を与えたくないというのが政府側の意識である。新京報が2013年7月21日に報じていたが、沈丘県政府宣伝当局者は6月に沈丘県のがん村ルポを書いた取材記者に記事が載った日の早朝に電話をかけて「なぜ沈丘県をヘッドラインに使うのか。こういう報道は沈丘の傷口に塩を塗る！」と文句を言ってきたそうだ。さらにその記者が取材した村民から連絡があり、政府側の人間から「記者にいいかげんなことを言うな」と釘を刺されたと伝えてきた、ともいう。記者は「傷口に塩を塗っているのはメディアじゃなくて、政府じゃないか？　粗雑な略奪式発展の代価を村民の生命に支払わせている」と不満を表明して記事を締めくくっている。沈丘県ほど国内外に知られ、メディア取材が多い地域ですら、こういう状況なのだから、がん村の存在が村と県と省、そして中央政府の間の利害と対立の微妙な関係の中でいかに取り扱いが難しいかがうかがえる。

最初に私たちが訪れたのは黄孟営村の衛生所（診療所）の前だった。こぎれいな建物だ、と思ったら2004年、CCTVの番組で報道されたのち、あわてて県政府がお金を出して建てたものだった。門をくぐった左側に薬剤室があり、カウンター越しに医薬品を提供するようになっている。右側には簡易ベッドが3つあり、中年男性がベッドに横たわり点滴を打ってもらっていた。真ん中の診療室では別の老女が血圧を測ってもらっていた。裏扉が開かれているので、室内はさわやかな5月の風が通りぬける。ここが村唯一の医療施設である。そして村唯一の医者、王《おう》世文《せいぶん》医師を霍氏に紹介してもらった。医師といっても、白衣を着ているわけでもない、シャツとズボン姿、日に焼け、少し赤くなった精悍な農民の顔だ。

「じゃあこっちで」と開け放たれた裏扉をくぐって、私たちを裏庭に誘導した。裏庭は中ほど涼しくなかった。夏を控えて元気な雑草が茂り、むっとした熱を放つ。庭の奥に小屋がある。「供水工程井房」と書いた看板がかかっ

黄孟営村の診療所で健康チェックを受けている村民。（筆者撮影）

ているので井戸だとわかった。

王医師も強烈な河南なまりであり、正確に聞き取ることは難しかった。おそらくは女子大生記者たちも聞き取れないところがあっただろう。途中から霍氏が普通語に通訳をしてくれた。たぶん、それは厳密な通訳ではなく、かなりおおざっぱなものだったが、おおむねこんな話だった。

「以前、村人が病気になるというのは、貧乏ゆえの病だったんです。栄養失調とかね。貧しさゆえの病は、経済が発展してずいぶんよくなりました。がんは8年前に比べて減った感じがしますね」

減ったんですか？と、学生記者たちが確認した。彼女たちの先輩は8年前にこのあたりのがん患者に取材し、記事をまとめていたので、その人たちの状況やがん患者の発生数の推移を知りたがった。

「そんなに厳密な数はわかりません。今年は3人、新しいがん患者が確認されましたが」

「その3人、あるいはその家族に会うことができますか？」と私。

「いや、紹介できません。最近、がんであることがわかったばっかりで。絶望しているんですよ。とても取材など受けられる状態ではないので」

なんとなく違和感があった。2400人程度の村なのに、近年のがん患者の発生人数が確認できないなんてことがあるだろうか。

学生記者たちも同じように感じたみたいだ。「中国のあらゆるメディアが2005年のデータを繰り返し使って、黄孟営村が、深刻ながん村だと報じています。もし状況が改善されているなら、改善されたと報道されるべきですよね」

「データがまとまったら、メールで送りますよ」

たぶん、データは送られてこない。

学生たちはさらに、かつて先輩記者が取材した数人のがん患者の名前を挙げて、その消息を聞きたがった。名簿を開きながら、「孔賀慶《こうがけい》さんは、その後、どうなりましたか?」と尋ねた。

孔賀慶さんは黄孟営村のがん患者として数多くのメディアに登場した。2005年当時、彼女は直腸がんになって5年目で、3度手術をし、直腸より下の器官を切除している状態だった。医師は人工肛門の処置をした。その8万元の手術費のうちの6万元は借金で、当時まだ返済できていなかった。19歳でこの村に嫁ぎ、26歳でがんになった。取材を受けた当時は31歳。「医者からはすでに見放されてもうた。腹が固くなって、どうしようもねぇ。もう死ぬしかねぇ。もう辛くて辛くて……」「2人の子供が次の休みに帰って来たときまで、なんとか生きて、もう一度、かあちゃん、って呼ばれてぇ」。学生記者たちの先輩が取材したとき、孔さんは、病床で地元の言葉で弱弱しくこう訴えていたという。なので王医師から、彼女は亡くなりました、という答えが当然返ってくるものと覚悟していた。

だが王医師は「彼女は今、上海に出稼ぎに行っていますよ」と言う。「治ったんですか。手術を3度して、もう手の施しようがないと言われた人が？　化学療法かなにかですか」と私も思わず口を挟んだ。

「アロエと植物繊維などを原料にした医薬品を2年間飲み続けたら、治ったんです」

霍氏も補足するように「湖州健怡植物繊維食品公司という会社が製造している1本1000元もする非常に高い薬だったが、当時メディアに出た彼女には100万元以上の募金が集まり、また製薬会社も無料で薬を提供した」

2004年5月からその薬を週に1本飲み続け、2006年5月に化学療法も行った。ほぼ完治し、今は健康な人と変わらないという。夫はずっと上海の港湾の積荷作業員をしていたが、労災事故で足の骨を粉砕した。その賠償金で家も新しく建て直したという。今は夫と息子ともども上海に出稼ぎに行っており、故郷の村に帰ってくることはほとんどない、という。

奇跡のような話だが、霍氏も本当だ、という。信じるしかない。

当時取材した4人のうち死亡していたのは1人だけだった。

霍氏に、実際にがんを患っている患者さんを直接取材できないか訪ねてみたが、彼はウンとは言わなかった。王医師は言う。「みんな取材を何度も受けてきた。だが、もうたくさんだと感じている」。

霍氏は「劉玉枝《りゅうぎょくし》は私の長年の友人だから、彼女に家には行ってみよう」。

劉玉枝さんは、がんとは違うが汚染が原因とみられる重い奇病を患っている。2005年、青年時代誌の取材を受けた一人だった。

衛生所から歩いて、彼女の家に向かった。

突然骨が曲がりだした――劉玉枝の物語

劉玉枝さんの家はあばら家、といってよかった。手入れのされていない、木目の見える門は固く閉ざされていた。霍氏が、大声で「劉玉枝！　いるか？」と門を叩きながら問う。わんわんわんと犬が吠える声がして、しばらくして人の動く気配がした。10分くらいたって門が開いた。「老霍、ひさしぶり。おら、まる3日間、家の外に出ていなかったもんでよ……、驚いたわ」。

「我（私）」ではなく「俺（おら）」と自分のことを呼ぶ農村独特の言葉づかいで中に招き入れた女性は、細く曲がった脚を杖で何とか支え、立つのがやっとといった風情だった。歩くときは、ゆっくりと緩慢な動作で、いざるように移動する。なるほど、ベッドから起き上がって門までの数メートルの距離ですら5分や10分はかかるはずだ。

いきなり4人ほどの人間が狭い庭に入り込んだので、庭で放し飼いの鶏たちがコッコッコッと騒ぎだし羽ばたきだした。地面一面に鶏の糞が散らばっているので、またもや日本で神経質に報道されている「鳥インフルエンザH5N1」のことが頭をよぎったが、その羽毛がもうもうと舞う庭を構わず進んだ。一応、タミフルは持ってきている。雑種の痩せた犬が奥でつながれたまま、威嚇するように吠え続けていた。農村の犬は飼い犬でも気が荒い。泥棒よけなので、見知らぬ人間は噛むように仕込まれている。犬とは目を合わせないように、劉玉枝の後に続いた。

彼女の家は見るからに大変貧しかった。瓦が落ちそうなひしゃげた屋根。季節がら、柳絮《りゅうじょ》の綿ぼこりが土間に吹きだまっていた。ゴミが散乱している。掃除が億劫なのだろう。マットレスもない木の寝台がドアのすぐそばに据えてあり、清潔とは言い難い布団が敷いてあった。枕元にぼろぼろになった漆塗りの小ダンスがあり、上に小さなテレビがあった。漆塗り小ダンスは彼女の嫁入り道具だったという。埃っぽい寝台にゆらゆら体をゆらしながら、緩慢に腰をかけた。扉は開け放したまま。鶏が家の中に入ろうとすると、彼女は細長い竹竿をもって追いはらった。

彼女は足だけでなく、腕も手も指も曲がっていた。腰の骨も奇妙な形に出っぱっていた。歯が乱杭に飛び出していた。おそらく、顔の骨がゆがむにつれて歯並びも乱れてきたのではないか。顔一面と喉に赤い斑点が散っている。霍氏が親しげな様子で彼女の骨と皮だけの腕をつかんで、「ずいぶん、肉が落ちたなあ」と言うと、「ひどくなる一方で」と、もごもごと自由のきかない口で話した。うまく話せないのは顎の骨の変形のせいなのか、ろれつが回らないからなのか。季節は初夏だというのに、まだセーターを着ていた。足元も冬用の綿入れ靴だ。老婆のように体中が曲がり、顔もしわを刻んでいた。おそらく本当はまだ若い。聞けば47歳だった。

彼女が座った寝台の背後にペタペタ張っているカレンダーに十字架とイエスの姿が印刷されている。「キリスト教徒なんですね」と問うと、黙ってうなずいた。粗末な机の上に聖書が置いてあった。

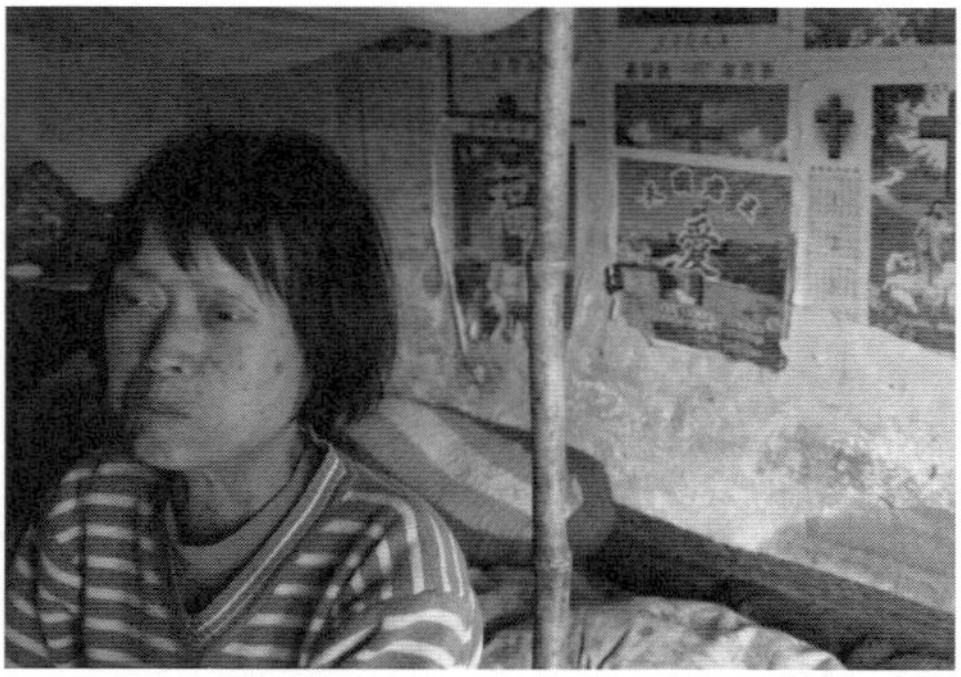

骨の病に苦しむ劉玉枝さん。心の拠り所はキリスト教への信仰で、壁にはキリスト教のポスターが貼られていた。(筆者撮影)

「うちの井戸水は赤かった」

ろれつの回らない劉玉枝の代わりに霍氏が話すのを要約するとこうだ。

彼女がこの家に嫁いだのは1990年、24歳のとき。多少の嫁入り道具もあった幸せな結婚だ。娘を一人生み、30歳を過ぎたころから、体に異変を感じはじめた。骨が痛み夜も寝られない。顔に赤い湿疹ができ、膝や手指などの関節が曲がり、自由に動かなくなってきた。上半身と下半身がねじれるようにゆがみ、靴下も自分ではけなくなった。顎の骨がゆがみ白目が濁り、眼球が前にせり出してきた。55キロあった体重は半分以下に減ってしまった。その変化はわずか3、4年の間に劇的に起きた。周口市の病院に行ってみたが、医者にも原因がわからない。痛み止めを出してくれるだけだった。

考えられる原因は、庭にある深さ9メートルの井戸から汲む水。薄く赤い色がついていた。結婚してから、それを生活用水として使っていたのだ。その後、井戸はふさがれた。今は水道水が敷かれている。井戸水と生活を切り離してからは、病状の進行は止まったという。だが、よくもならない。

病のあまりの苦しさに、村にセールスに来た鄭州の医療器メーカーから家庭用医療機器を購入した。定価8000元の商品ですが、お気の毒なあなたには3500元で売りますよ、隣の家では5000元で買いました……。そんなセールストークにまんまと乗ってしまい、借金までして買ったが、病気の治療にも症状の緩和にも役に立たなかった。借金だけが残った。

彼女の病に治療薬はない。痛み止めは一向に効かないと数年前に飲むのをやめた。それ以降はアモキシシリンとスピラマイシンの2種類の抗生物質を毎日、飲み続けている。

心の支えは娘の成長だ。成績がよく、省都・鄭州の重点高校に通っている。その学費を稼ぐために3つ年上の夫は鄭州で建築作業員の出稼ぎ仕事をしている。母親思いの娘は髪を売って、彼女の薬代を助けているという。若い娘の黒髪は3年間のばすと350元で売れる。これまで

3度、髪を売った。

それでも一人農村のあばら家で病の身で留守番をしていると、どうしても心細くなることがある。2013年4月の終わりに、3日間発熱して寝込んだことがあった。医者に診療を頼んだが、治療方法がないといって診てくれない。心細くなって、出稼ぎ先の夫に電話をかけた。携帯電話は夫が出稼ぎ前に買ってくれたものだ。だが貧しい彼女は、プリペイド式の携帯電話には10元しか料金を入れられていない。二言三言、言葉を交わすのが精いっぱいだ。

夫は、彼女の寂しさがまぎれるようにと小さなテレビを買った。だがテレビでは寂しさも病の不安も癒やせなかった。

「知り合いがくれた聖書を読むことが一番心が安らぐ。おらはあまり字を知らなんだが、聖書でずいぶん字を覚えただよ」と劉玉枝は言った。

彼女の病と汚染の因果関係はわからない。だが周口市衛生当局が2004年、黄孟営村の地下水を調査したときマンガンと亜硝酸塩の含有量が異常に高いと警告したことがあった。亜硝酸塩の過剰摂取が悪性腫瘍を誘発したり、中枢神経に悪影響を与えたりすることは指摘されている。だが、その地下水汚染がどの企業によるものなのかはわからない。健康被害者たちは何の補償もなく、貧困の底に痛みを抱えながらうずくまっている。

苦しみを訴える姿を前になすすべもなく、言葉も続かなかった。霍氏が、次の村に行こうと促すのにほっとして、劉玉枝の家を後にした。

東孫楼《とうそんろう》村に設置された日本技術の浄水装置

車に乗って次に訪れた村は東孫楼村だった。この村も有名ながん村である。人口1200人。90年代から05年までは、毎年5～6人から多い時で20人、がんで死亡しているほか、下痢、異常出産などが多いと報道されている。だが、ここには様々な圧力に屈せずに汚染と闘い続けている村民がいた。王子清《おうしせい》氏（72）は、メディアでもしばしば取り上げられていた人物である。その日も王氏は村にいた。土埃の立つ舗装されていない道の傍らに小さな椅子を出して座っていた。短い白髪が禿げあがった老人である。霍氏とは顔見知りで、私たちを見とめると、右手を上げて、あいさつをした。

王氏は「不屈の人」と形容される。初めて中国青年報のインタビューに答えた2007年9月、新聞に掲載された翌々日に県長が十数台の車両を引き連れて家にやってきた。そして当時県警の刑事警察隊長だった王氏の長男を免職すると告げたのだった。そういう脅しを受けてもなお、メディアに出続け「がん村」の実態を訴え続けている。

王氏の中国語は武漢大学の学生記者たちですら、聞き取りにくい地元言葉であり、しかも王氏は耳が遠かった。彼の耳の近くで女子大生記者たちは口を寄せて大声で聞く。「後悔してませんかぁ?」　王氏は「ああ?」と聞き返す。さらに大声で「後悔していませんかあ?」ようやく耳に届いて、王氏は手を振りながら「後悔しとらん!」と答えた。「ただみんなのためになりゃいいんじゃ。わしゃ十分知っとる。共産党がいくら、わしを脅してもな、わしの言っとることは全部本当だで。なんも恐れることはない。あいつらがわしにいくら汚名を着せてもな、ちっともかまわん。党から一銭の金ももらっとらんしな、身ぎれいなもんよ。これからも粋にかっこよう生きていきさえすればええ」「こないだもな、政府が人をよこして、もうメディアの取材は受けるな、と言いに来よったがな、わしゃ、言いたいこと言うわい」。

さらにぶつくさと、王氏は県政府からの嫌がらせの例として、自分の家の周辺の道だけ村の舗装計画の対象外にされている、と訴えた。「雨が降ると道がぐずぐずになるんじゃ」。

王氏が県政府の圧力に屈せず、村の汚染とがんの頻発を訴え続けたのは、病に倒れる人の多さを目の当たりにしてきたからだった。

1991年、まず5才年下の弟が食道がんになった。翌年2才年上の兄が食道がんに。2004年6月に兄が死亡し、その28日後に弟が死んだ。その3日後、おじが食道がんで死亡。王氏の家では1か月のうちに3度も葬式をだした。これに前後して王氏の遠縁も含めた親戚80人の中で16人ががんで死亡した。人の死は日常茶飯事だった。04年前後だけで全村280世帯で40人以上が相次いで食道がんになった。

王氏自身はがんにはなっていないが、胃潰瘍で胃に穴があいた。胃の手術をするのに5000元かかった。「うー、その傷が今も痛む」とうめいた。

霍氏が私たちをこの村に連れてきたのは、王氏に会わせたかったのと同時に、見せたいものがあった。それが王氏の家の前にある浄水装置だった。王子清氏の家の前のため池のほとりに作られたコンクリート製(?)の高さ2メートルばかりの浄化槽小屋があった。

この村でがんが多発したころ、村人は井戸水を生活用水として使っていた。1997年まで使っていた井戸は深さ10メートル。水は黄色い色と悪臭がついていた。2002年に深さ35メートルの井戸が新しく掘られたが、それは色も臭いもなかった。それでも、がんの発生はなくならない。2005年には中央政府および河南省から資金援助を受けてさらに沈丘全県に47の200~400メートルの深井を掘った。一つの深井を掘るのに数十万元かかったという。

だが、深井の供給できる水量は乏しい。維持費も高額だ。深井すら、安心できないという村民も多かった。深井の水を飲み始めた村人には「腕が急に痛くなった」と体の不調を訴える者も出てきた。医師は「骨のフッ素症」の可能性を指摘した。実際、調べてみると深井の水に含まれるフッ素の含有量は基準値を上回った。そこで地表に近い汚染地下水を浄化装置で解毒し、飲用水準の水にするという方法を模索することになった。そうして霍氏が見つけてきたのが、日本の技術の「微生物浄化装置」だった。

２００８年から２０１２年までの間に28か村にテストケースとして導入した。目の前にある浄水小屋もその一つだった。

不屈の精神でがん村の現状を訴え続ける東孫楼村の王子清さん。（筆者撮影）

王氏は「２０１２年以降はよ、村東（この浄水装置が利用されている村の東部地域）で新しいがん患者が出てねぇ。村西では同じ時期に6人もがん患者が出てるんだが」と説明する。

この浄化装置が最初に作られたのは沈丘県大褚庄中村だが、ここは女性の乳がん患者が異様に多かった。やはり２０１２年以降、新しいがん患者が出なかった。この中村の両隣の大村、小村にはそれぞれ2人ずつ新たながん患者が出たのに。他の村も同様で、周辺の村民の間ではこの微生物浄化装置ががんから村を救う「魔法の装置」ではないか、という噂が広がった。

霍氏は蛇口をひねると、水を出して手のひらにすくい水を飲んで見せた。「ん、うまい」と満足そうだ。私も蛇口をひねって、手のひらにためた水を口に含む。店売りのミネラルウォーターより柔らかい。「煮沸しても白い水垢がつかないんだ」と王氏は説明した。

1台でだいたい日に4トンのきれいな水が生産でき、800人分の日常飲用水が賄える。この水はただなので、村民が三輪車に乗せた桶を持って水を汲みにやってくる。

霍氏がこの技術を知ったのは2004年。沈丘県のがん村が中国メディアで報道され始めたとき、在日華僑の一人から教えられたからだった。

その技術とは信州大学の中本忠信教授（当時）が提唱する「生物浄化法」だった。その原理については中本教授の著書『おいしい水のつくり方』（築地書館）にまとめてある。簡単にいえば藻や水中微生物の分解活動を利用し、ゆっくり砂ろ過する比較的シンプルな浄化装置だ。日本でも地域水道支援センターというNPOが水道未普及区域での生物浄化技術の普及支援を行っている。

最初は半信半疑だった霍氏は日本にも訪れ、その技術や原理を調査し尽くした上で、それが一番良い方法であると納得したという。そして沙潁河の源流がある河南省少林寺や湖北省神農架など中国国内で優良水質が保たれていると評判の渓流を訪れ、みずから浄化装置に使えそうな水中微生物を探し回った。

最終的には神農架群山の「香渓」から石に張り付いていた何種類かの藻を切り取って持ち帰り、これを繁殖させて微生物浄化装置づくりを試みた。２００８年に第1号装置を自前で作りあげた。

２００８年に淮河水利委員会、２０１０年に清華大学実験室にこの浄化装置による水質の検査を依頼したが、ともに国家飲用水基準を合格しているとのお墨付きをもらった。特に清華大学の報告では、生物浄化後の水が原水より硬度が低下（軟水化）し、溶解酸素濃度も高いということだった。つまり「おいしい水」なのだ。

がん村に安全な飲用水を提供する微生物浄化装置は日本の技術という。蛇口から出る水を飲む霍岱珊氏。（筆者撮影）

試験的につくられたこの浄化装置は村民から大歓迎された。だが、この装置を維持して普及していくにはそれなりに費用がかかる。飲用水基準が２０１２年から厳しくなり検査項目が35項目から１０６項目に増えた上、４か月に1度でよかった検査が月に1度の頻度になった。この検査費用は年間数千元にのぼるため、淮河衛士のような小さなＮＧＯでは負担しきれない。また、いったん浄水装置に問題が起こり、安全問題が起きれば淮河衛士が法的責任を負うことになる。中国の不合理なところは、水安全が報道などで問題視されたとき、実際に守ることも困難な厳格な法律をつくり、安全な水を飲めない人間がこの県だけで28万人もいる現実を完全に無視している点だ。

装置自体は1万5000元から4万元あれば設置できるが、県全体に普及させ、維持運営するとなると資金的な障害が小さくない。飲用水の安全性を高めるためにできた新しい法律が、浄水装置の普及・運営ハードルを上げてしまうという矛盾を引き起こしている。

それでも村民は救われない

がん村訪問を大かた終えたころ、日は暮れかけていた。昨日の夕食の返礼をぜひさせてください と頼みこんで、費用を私がもつことに納得してもらってから、一緒にホテルの近くのエビ鍋のチェーン店で夕食をとった。一日取材を共にした武漢の学生記者たちと彼女らの車を運転した長男の霍浩傑氏も当然接待するつもりだったが、彼女らは駅に預けたままの荷物を取りにいくという理由を言って、丁寧に断ってきた。

私と霍氏は大きなテーブルに向かって座り、私の隣に一日運転をしてくれた小呉が座った。真ん中に置かれた銅製のでっかい鍋にやまもりの唐辛子で味付けしたエビがおかれた。いろんなものを見すぎた私はちょっと疲れてあまり食欲がない。霍氏もあまり食べない人だった。私の隣につつましく座った小呉が静かに食事をしている。沈黙が流れたので、私は最後のまとめに、と霍氏に目下の課題を聞いてみた。

「貧困が大きい」と答えた。

たとえば、劉玉枝の家は夫が出稼ぎに行って、娘が髪を売っても年収5000元もいかない。だが、薬代はかさむいっぽうだ。彼女の家はこの10年、修繕もされずに今にも崩れそうだった。東孫楼村に行ったとき、王子清氏が訴えていた。「人が死ぬと火葬費が1000元、棺桶代が1500元、その他もろもろ5000元前後かかる」。2004年、月に3人も葬式を出した王家は悲しみだけでなく、家計の圧迫もすさまじかっただろう。

「では、汚染で病になった人たちが、企業や行政に対して慰謝料を請求する公害裁判などを起こせないのですか」と、私は答えが予想できる、と思いながらあえて聞いてみた。「私たちはそういうことをしない。村民たちもそれを望んでいない。あくまで、企業や行政とは話し合いによる協力関係でいくのがいいんだ……」

「蓮花モデル」の成功で、企業による「偸排」が劇的に減り、河川汚染レベルは劇的に改善され、微生物浄化装置という農村で普及可能な安全な水の提供方法を見つけ出したNGO淮河衛士の10年の歩みは、中国という難しい体制の中において、十分に快挙として拍手を送られるべき成果だ。だが、汚染による病に苦しむ人々を救う方法はまだ確立されていない。

「たとえば、日本の公害病の経験で役に立つこととかありますか」

「日本の経験は参考になっているよ。私は何度か水俣病の学会も参加した。微生物浄水装置の技術も日本に教えてもらった」

「私は、企業や行政は公害病患者に慰謝料を払うべきだと思いますけれど。日本が過去の公害が克服できたのは、公害裁判で、企業や行政の責任を明確にできたことと、膨大な慰謝料が科され社会的にも信用を失うことで、いかに汚染の放置が企業に致命的な不利益をもたらすか世の中に知らしめたことだと思うのですが」

でも、私はそう言いながらも、それが不可能な中国の体制というものを熟知していたし、霍氏のやり方が今の中国においてベストの上をいくレベルであることもわかっていた。

答えがないまま、別の話題の雑談に移り、そのまま会食を終えた。翌日早朝に事務所にあいさつをせずに、直接鄭州に向かうと告げ、霍氏と握手を交わして別れた。

翌朝、鄭州に向かう前に沙潁河をもう一度見に行く。かつて報道されたような、毒ガスのような臭いや、白い腹を見せて浮かぶ魚の姿はもうない。汚染は劇的に改善したといえる。だが、霍氏が幼いころのような、魚がすいすい泳いでいる様子が水面から見える美しい河はもうない。今後、それが取り戻されるか。還暦の霍氏が現役で活動している間に。

そのために今、何をすべきなのだろうか。たとえば、中国と多少なりとも関わりのある私のような人間にどんなことができるだろうか。濁った水面を見つめて少し考えてみる。当然簡単には答えは出ない。早朝の市が立ち始め、人の往来が増えてきた。頭を切り替えて、今日中に北京に帰るために河辺を後にして車に乗り込んだ。

第二章

山東の地下水汚染
——隠ぺい現場を行く

北京に一番近いがん村取材失敗記

山東省の話の前に北京に一番近いがん村の話を紹介したい。

北京はいうまでもなく中国の首都であり、中国のもっとも国際的で発展した都市の一つである。だが、その周辺にもがん村があった。がん村というのは貧しい地方の農村にあるものだと思い込んでいた私は、北京郊外の交通の便の良い比較的豊かな農村にも公害に苦しむ村があると知って驚いたものだ。河南の沈丘県がん村探訪から北京に戻った後、私は沈丘県の現状と比較する対象として、近場の北京市郊外のがん村に日帰りで訪れてみることにした。場所は河北省廊坊《らんぼう》市大廠回族自治県夏墊鎮《かでんちん》夏墊《かでん》村。地図を開くと、私が宿泊している北京東部のCBD（中央商務区）から車で行けば高速にのって1時間程度の場所。通州区からまっすぐ東に45キロ。こんなところに回族自治県があるとは気にも留めなかった。

いつも農村取材をするときは、現地のなまりを理解する友人を通訳兼ボディーガード代わりにして、列車やバスなどの公共交通で目的の農村に一番近い町まで行き、そこで地元の白タクを雇って、できるだけよそ者に見えないような恰好で訪れるようにしている。ところが、このときはたまたま河北省出身のよく私の農村旅行に付き合ってくれる友人が引っ越しだかなんだかで、付き合えないということだった。しかも、急に行くと決めたものだったので、ほかの人のあてもなく、たった一人で行くことになった。

　昨今、北京周辺農村の治安が悪くなってきたと聞く。さすがに外国人女一人が白タクに乗るのは、ちょっと迷いがあった。結局、思い切って北京からハイヤーで行くことにする。友人に相談すると、知り合いのハイヤーがちょうど空いているという。友人いわく「北京公安局幹部の後ろ盾のある車だから、トラブルがあったとき心強い」。

　ちょっと解説するとハイヤー運転手には元警官や元兵士が多い。車の運転技術が優れているということのほか、その元職場との関係性からトラブルや事故に強いのである。交通違反に引っかかったとしても公安や軍のバックがあれば揉み消せるし、駐停車禁止のところに停められる場合もある。身分の高い要人客の要求を満たすには普通のタクシーよりも、こういった融通の利くハイヤーが人気なのだ。余談だが一昔前までは軍用ナンバーを付けているハイヤーも多かった。つまり軍人の小遣い稼ぎのナンバー横流しである。軍用ナンバーはスピード違反なども黙認されるし高速料金も免除されるなどの特権があり、そういう車で送り迎えしてもらうと特権気分を味わえると人気だった。

　私が雇ったハイヤーは北京公安局幹部の弟が所有する車で、運転手はその手下（というとマフィアみたいな言い方だが）が運転するのだという。ＣＢＤから出発して村を回って帰ってくるのに８００元という破格の低価格を提示された。友人が私の親友だから、と口添えしてくれたからだ。そこでハイヤーに乗って、村に行くことに決めた。

ハイヤーが来るまでに夏塾村についての情報を改めて整理して頭に入れておく。人口は2000~3000人。1000人の差は出稼ぎ者だ。ここを東北に流れる鮑邱河《ほうきゅう》は、上流域に金属加工工場や製紙工場が集中し、汚染がひどいことで知られている。そして周辺の村でがん患者が異様に多いと言われている。

この村が特に有名になったのは、2007年に白血病で死亡した村民の少女・馮亜楠《ひょうあなん》さん（当時15歳）の父親・馮軍《ひょうぐん》氏が「娘の病は汚染が原因だ」と訴えた事件がきっかけだった。馮氏は、その理由として自宅の井戸の水が赤く、井戸から300メートルのところに企業の排水口があり、排水口からの水も赤いことを挙げた。これは工場排水汚染による公害病ではないか、きちんと調査してほしい、と北京に陳情に赴いた。

馮氏は企業側の妨害を決死の覚悟でかいくぐり、なんとか北京のメディアや弁護士、識者を味方につけて、汚染源と目される地元企業を相手取り医療費、賠償金145万元を求める公害訴訟を起こすことに成功した。そして2006年に地元環境保護当局に依頼して井戸水を調査してもらった。その結果、ヒ素、マンガンがそれぞれ基準値の2・95倍、3・8倍であることが判明。だが、企業側の排水口から採取した排水は基準値を満たしているとして、原告敗訴となった。企業が鎮最大の納税企業であったため、司法が企業側に味方したのではないか、と疑われている。確かな統計はないが、村人はがん患者が近年増えているとメディアに訴えていた。

馮氏が村民を個別に訪問して独自に調査したところ、2013年までの10年の間に少なくとも村で30人前後のがん病死者が出ていたという。

こういったニュースはすでに中国の一部メディアで報道されていた。

新聞記事や、馮氏に関するネット上の噂から、住んでいるあたりを割り出して、アポを取らずにいきなり行ってみることにした。電話が盗聴されていることも多い中国ではアポ取りした段階で、取材妨害が始まることもあるのだ。

やがてハイヤーが来た。ちょっとギョっとした。黒塗りのアウディ。しかも北京ナンバー。これは農村では目立つかもしれない。

運転手は私より若い北京の農村部出身の男だった。彼には、自分は日本の浄水器メーカーに頼まれて、水汚染の深刻な地域のリサーチに行くのだ、と説明しておいた。これはまんざら嘘でもない。私が現地で調べたことを原稿に書いて発表すれば、そういう業界も参考にしてくれるだろう、という意味で。

5月10日、さしてきつくもない陽射しの晴天で、農村ドライブにはうってつけだ。午後1時半に出発し、車は通燕高速に乗って一路東へ向かった。30分も走れば夏墊鎮。鎮の中で目的の夏墊村への道をまず探す。

若い運転手はなかなか気が利く男で、鎮に入ると車を売店の前に停め、「道を聞いてくるよ」

と言ったついでに、ペットボトル入りミネラルウォーターを2本買い、村についての情報を集めてくれた。

「売店のおやじが、お前が連れてきたのは記者だろう、と言っていたよ。記者だったら、ぞんぶんに報じてくれ、ここの汚染はひどすぎる、みんな不満を持っている、と話していた」と運転手。私は内心、村に入り込めば、内情を打ち明けてくれる村民が見つかるかもしれないと期待した。村の人口が2000人程度なら、娘を白血病で失った馮軍氏の住所も意外に早く割り出せるかもしれない。

その判断が、後から思えば甘かったのだが。

書記の執務室にはダブルベッドがある

汚染の河・鮑邱河はすぐに見つかった。川幅は2メートルほどの河というより農業用水路だ。水はどろりと真っ黒で強い酸の臭いがした。川の一部分の埋め立てが始まっていた。おそらく地元政府は「治理《ジーリー》」（中国語で処理の意）というだろうが、これは汚染の隠ぺいを図るときに、よくやる手である。橋の上から何枚か写真を撮ったところで、通りかかった開襟シャツの男性から「何をしているのか？　どこから来たのか？」と声をかけられた。背がすらりと高く、40がらみのなかなかの男前である。

このとき、運転手から、村民の間で河川汚染について強い不満がくすぶっているということを聞いていたので、話を聞けるかもと思った。

「鲍邱河の汚染がひどいと聞いて、北京から見に来ました」と話した。

「記者か?」

「記者ではありません。旅行者です。新聞で見たんです。この近くにがん患者の多い村があると。私は日本人ですが、環境NGOに友達が多いので、普段から環境問題に興味があるんです」……嘘は一つもついていない。

男性は「なら、鎮政府にまず来るべきだ。情報は鎮政府が提供する」と言って、ずかずかと私の車に乗り込んできた。そして、私に向かってにやっと笑って、「私は鎮政府の公務員だから」と。

初期判断を誤ってしまった。「村民」ではなくて、村民と対立する役人側だったのだ。この身ぎれいさに気づくべきだった。

私は内心焦りながら、「え、信じられないな」ととぼけてみせた。「じゃあ、携帯電話番号を教えてあげるよ」と、

真っ黒で酸っぱい臭いがする鲍邱河。写真を撮っているときに書記に見とがめられた。(筆者撮影)

紙切れに海という姓と数字の羅列を書いてよこした。

海という姓にまさか、という嫌な予感がした。だが、もう後の祭りである。とりあえず鎮政府庁舎に行くしかなかった。鎮庁舎に行くと、3階の書記の執務室に通された。そして男性は書記の席に座る。

嫌な予感は当たった。

「ひょっとして書記なんですか?」とわざとらしく聞くと、「ほかに誰がいる?」と言う。「まさか、鎮の書記がこんなにお若いなんて!」と大げさに驚いてみると、「いやいや」とまんざらでもなさそうな顔をした。

夏塾鎮の書記の名は海興中《かいこうちゅう》。若くて優秀とネット記事で見たことがあった。あとでプロフィルで写真を確認したら、間違いなくその人だった。行く前に地元書記の顔くらい調べておけばよかったという後悔は役に立たない。

海書記は私にソファを進め、茶を入れてくれた。「すごく上等のお茶だよ」と。龍井《ロンジン》だった。壁には毛沢東の肖像画。夏塾鎮の地図。がっしりとした紅木の机の上には玉石で作った鉢植えの置物があった。いかにも地方官僚の執務室らしい風情だった。ソファセットも立派なので、夏塾鎮はなかなか経済的に潤っているのだな、と感心した。

私が大人しくお茶を飲んでいると、書記は「担当者を呼ぶからここで待っていて」と携帯電話をかけながら、入ってきたドアとは別のドアを開き、続きの奥の間に消えていった。私は電話の声を聴くために、書記が消えた部屋のドアに忍び寄り、小さく隙間をあけて中をのぞいた。隣接の部屋は花模様のタオルケットが掛けられた、何やらなまめかしいダブルベッドが置かれた寝室だった。部屋の左手におそらくシャワールームがあるようで、書記はその中に入って電話をかけていた。

人口3万人程度の鎮政府の書記執務室にダブルベッド。何に使うんだ。もちろん、激務の書記職であるから、仮眠をとるため？ いやいや、この妙ななまめかしさはなんだろう。仮眠なら簡易ベッドでいいだろうに。地方官僚のご乱交については中国のインターネット上で証拠写真付きのゴシップが飛び交っているが、やはり執務室に女性を連れ込んだりしているのだろうか。

夏塾鎮の政府庁舎の書記執務室。この奥の寝室になぜかダブルベッドが。（筆者撮影）

友人のフリージャーナリストに聞いたことがある。地方政府の書記の主な仕事の一つに企業の誘致というのがある。たいていは真昼に行われる企業の幹部連と宴会で、白酒（パイジュウ）飲み比べをするなかで商談が行われる。なので飲みつぶれたあと仮眠できるように、執務室にベッドは必需品。しかもコンパニオン嬢も企業幹部も一緒の場合もあるので、スプリングの効いたダブルベッドでないと。官僚の腐敗をからかうブラックジョークだと思っていたが、実際ダブルベッドのある執務室を目の当たりにしている。

後をつけられ連れ戻される

話がそれた。書記が私をどういうふうに判断しているのかが重要だ。まさか、ここで悪代官に手籠めにされる町娘みたいな目にあうことを恐れる年ごろでもないが、なぜ現場で追い返されるだけでなく執務室に連れ込まれたのかは見極めなければ。NGO関係者らしい、日本人だ、と説明する書記の声がかすかに聞こえる。黒のアウディで……、という声が聞こえた。やはり、あの車。立派すぎて疑われたか。黒のアウディは、北京官僚の最も好む車だ。最初はお忍びできた中央政府系の学者か何かと疑ったのだろうか。照会すれば公安関係者（家族）のナンバーであることもすぐ割れるだろうし。電話が終わって書記が出てくる気配がして、あわてて執務室のソファに戻り、素知らぬふりで茶を飲んだ。

「あと20分ほどで担当者が来るから」と言う。

まずいな、と思った。このまま、尋問が始まったら、もう村に入れない。私は、まだ村に入る計画を諦めていなかった。「20分もあるなら、ちょっと外を見てきていいですか。この鎮には初めて来るので」。書記の答えを聞かずに、足早にドアを開けて、半ば強引に庁舎を出た。運転手が車の中で待っていた。急いで車に乗り込み、「発車して」と急かせた。え、いいの?と運転手は戸惑いながらも車を加速した。書記と出会った橋を超えると、村の入り口に通じるような細い道があった。舗装していないが、通れそうだ。村に入れば、村民に聞き込みをして、がん患者や告発者・馮軍氏の居所を探すつもりだった。たが、運転手がぼそっと言った。「後をつけられている」。

ずっと鎮政府の車が後をつけていた。さすがに黒のアウディ、北京ナンバーであれば、見失うことはなかったか。しかも農村のでこぼこ道でスピードは出せないのだから。

しばらく額に手を当てて考え込んだが、この状態で村民に接触して迷惑をかけることは避けるべきだろう。とりあえず村の様子を一回り見てみた。河北省の普通の農村である。日干し煉瓦でできた家屋が並ぶ。車が走ると砂埃がもうもうと立った。

諦めて村の外に出てから車を停めてもらった。後をつけてきた車も停まる。車を降りて、後ろの車をのぞきこむと、執務室前で見かけたメガネの男性が乗っていた。「何か御用ですか?」と尋ねた。「担当者が執務室に来ているので、鎮政府庁舎に戻ろう」と言う。つけてきた男性は自分は副書記だと名乗った。

再び執務室に戻ると、書記は不在だった。代わりに外事担当と宣伝担当を名乗る男女の公務員が入ってきた。空気が、やや緊張したものになっていた。宣伝担当の若い女性が、子供に言い聞かせるようなゆっくりした丁寧な口調だが明らかに尋問調で「あなたの目的は何ですか?

記者ですか？」と尋ねた。髪を後ろに束ね、銀縁メガネをかけたいかにも思想教育担当という、生真面目な顔立ちをしている。

私は素直に答える。

「ただの旅行者です。日本人です。新聞でこの村の河の汚染がひどいと知りました。環境NGOの友人がたくさんいるので、普段から環境問題に興味をもっているんです。ここはそんなに汚染がひどいのですか？　がん患者は何人くらいいるのですか？」

質問には質問で答える。

宣伝担当「ここは汚染はひどくないですよ。汚染がひどいのは隣接する三河市です。がん患者もいませんよ」。

私「わかりました。では三河市をちょっと見てきます。もう行っていいですか？」と部屋から出ていこうとすると、彼女は私の腕をとって、かなり強引な調子で、「そんなに、急がないで。こんな小さな鎮に外国人のお客が来るのは珍しいことなんです。食事はすみましたか。晩御飯を一緒にどうですか」と言う。

明らかに、誰かが到着するのを待っているようなので、やっぱり公安警察の外事担当が来るんだ、とうんざりした気分になった。

私「晩御飯は北京で友達と食べる約束をしています。なので、もうそろそろ帰らないと」

外に出ようとすると、体を部屋に押し戻して「私たちにも面子がありますから、もうしばらく待ってください」と言う。

警察の外事担当の尋問

やがて、案の定、青い制服シャツの公安警察官がやってきた。一人はでっぷりとした50がらみの偉そうな態度でごま塩の角刈り頭だ。もう一人は青年といってよい若さの、ひょろりと背の高い部下である。そこからは、明らかな尋問だった。何者だ、誰に頼まれてきた、仕事はなんだ、パスポートを出せ……。

パスポートには期限の切れたジャーナリストビザが貼ったままだった。そのまま見せるとややこしいなと思い、パスポートは持っていない、と言い張った。

私「パスポートはホテルの金庫に入れっぱなしです。なくすといけないと思って」

警官「なんで、ここに来た？」

私「旅行です。回族自治県が北京のこんな近くにあったなんて驚きです。回族寺院があったらぜひ観光したいと思いまして」

警官「仕事はなんだ？」

私「無職です。会社を早期退職しました」

警官「無職なのに、旅行に行くお金があるのか?」

私「退職金がたくさん出たので」……嘘は一つもついてない。

私はパスポートの代わりに、iPadの中に入れてあったパスポートの1ページ目の写真を見せた。私の顔写真とパスポート番号が確認できる。同じパスポート番号を書いた上で旅行目的・観光にチェックをいれた旅行保険証を提示する。

元々旅行保険にいちいち加入するタイプではなかったが、鳥インフルエンザのヒト感染例が中国でちらほら出ていたので、今回に限って念のために加入していたのだ。

偉そうな警官は番号を記録し、部下に確認をとらせた。外事課に問い合わせれば、私の出入国記録がすぐ確認できるだろう。最後に荷物の中を調べられ、カメラを見せろと言われた。おとなしく渡す。撮った写真をチェックされた。写真はすべて観光名所のものだ。

警官がデジタルカメラを見ているのを脇から私ものぞきながら「あ、それシドニーに行ったときの写真です。カンガルー、可愛いでしょう?」と声をかけてみる。彼らは捜している写真が見つからず、しかめっ面をしていた。

「撮った写真はどうした?」と聞くので、「写真を撮ろうとしたところ、書記が声をかけてきたので、ここでは写真を撮っていません」と説明した。撮影したあとSDカードはいつもすぐに入れ替えておくのは、記者時代からの習慣だった。

「すみません、もう帰っていいでしょうか。北京で今晩、友人と晩餐の約束をしているんです」

としおらしく頼んでみると、警官はいかめしい顔をして言った。

「いいか、この村には汚染はない。がん患者もいない。中国の新聞に書いていることは全部嘘だ」と、厳しい顔で私に言う。私は「わかりました、この村には汚染はありませんし、がん患者もいないんですね。中国のメディアはよく嘘つきますもんね」と復唱した。「よし、帰っていい」と私に言い、鎮政府の面々には「ただの旅行者だ」と説明した。


足早に外に出ようとすると、宣伝担当の女性が声をかけた。

「今度、ここに来るときにはまず、私に連絡してくださいね。あなたが見たいところをきちんとご案内しますから」

「そうします。まさか、河川の汚染を見に来るだけで、みなさんがこんなに敏感に反応するとは思っていなかったので」

女性は笑顔のままこわばって「とんでもない！ 敏感になんて反応してませんよ」。

さらに、先ほど私たちの車をつけてきた副書記を名乗る男性が慌てて追いかけてきて言う。

「書記があなたにあげた携帯電話番号を書き間違ったというので、返してくれませんか」

最初に書記に会ったときもらった携帯電話番号のことだ。素直にポケットを探り、書記がくれた番号のメモを取り出して返した。副書記はそのメモをくしゃくしゃと丸めてポケットに突っ込んだ。後ろにいた警官にわざとらしく聞いてみる。

「自分で書いた自分の携帯電話番号を間違うなんて、不思議ですね」

偉そうな警官はフン、と鼻を鳴らして「あの書記は肝っ玉が小さいんだ」と笑った。

最後に思い出したように付け加えてみる。

「そうそう、ところで馮軍さんはお元気なんですか？　新聞記事に出ていた人ですよ」

「奴は村にいない。出稼ぎに行っているよ」と警官。そのとき、公安警察の若い部下が慌てて来て、何か耳打ちをしているようだったので、面倒に巻き込まれてはかなわないと、私はそそくさと外に出て、運転手の待っている車に乗り込んだ。


発車するとご丁寧に鎮政府の車2台が後ろからぴったりついてきた。もう、取材は続行不可能だ。日も暮れてきた。運転手に、「何か尋問されたかい？　怖い思いはした？」と尋ねると、「あの女は何者だと問われた。知り合いの紹介で運転手として雇われただけだ、と説明した。なんか浄水器会社の市場調査に来たらしい、という話はした。俺は経験豊富だから、何も怖いことはないさ！」と胸を張った。

私「そうそう、正しい答えだ。ありがとう。あなたが今後トラブルに巻き込まれるようなことはあるだろうか？」

運転手「問題ない。北京市ナンバーだから、河北の役人に何かできるわけない。でも、あんたが鎮政府に入って2時間出てこなかったときは、かなり心配して、アニキに電話をかけてしまった。夜になっても出てこなかったら、もう一度、電話をかけてこい、と言われたけど、まあ無事に出てきてくれてよかったよ……」

ちょっとドキリとした。アニキということは北京市公安幹部の弟か。よかった、大騒ぎされなくて。

北京に通じる高速にのると河北ナンバーの車の追跡は切れた。夕方のラッシュの時間帯には地方ナンバーの車は特別の許可がない限り北京に入れない。結局、馮軍を見つけることも、汚染源企業の状況を見ることもかなわなかったが、鎮政府のこの過剰な反応を見るに、やはりまだ深刻な汚染が存在し、汚染となんらかの関係があるような健康被害は出ていると見ていいだろう。

「ちょっと、過剰な反応でびっくりした。もうすでに中国に報道されていたから、ここの汚染問題はタブーじゃないと思っていたけれど、甘かったなあ。結局汚染源企業も見ることができなかったし、がん患者に会うこともできなかった。馮軍氏も村にはいないって。出稼ぎに行ったって」と運転手に話しかけるでもなく、言葉に出してみた。

運転手は答えた。「官僚ってやつらは金儲けと保身しか考えてないんだ。汚染で村民が苦しむより、それが上級政府に知られて出世に響くことのほうが怖いんだ。汚染の実態が報道されても変わらないさ。汚染の証拠を隠して、告発者を村から追い出して、それで終わりさ」。

中央政府がいくら声高に汚染問題改善を叫んだとしても、汚染の現場の意識はこのレベルなのだ。つまり、汚染をなくすとは、汚染被害の農民の口を封じ、告発者を排除し、汚染の事実を記者や外国人の目から隠す。汚染問題は解決の糸口にも立っていない。これから、もっとすさまじい公害時代が来るんじゃないか。まっすぐ伸びる高速道路の向こうに見える夕暮れ空が妙に不安を掻き立てる色に見えた。

デマ拡散集団によるキャンペーン

私が汚染問題を調べている、と言うと会う人ごとに山東省に行けばいい、と言われた。山東省の地下水汚染は実にひどいのだ、という。というのも、2013年春節ごろに、インターネットの微博（マイクロブログ）で一本の告発が大きな反響を呼んでいたからだ。

「山東省濰坊《いぼう》の多くの企業が工場排水を1000メートル以上の地下に高圧ポンプで流し込み、深刻な地下水汚染を引き起こしている」

この情報は「鳳凰週刊」名編集長で390万人のフォロワーを抱える大人気ブロガーの鄧飛《とうひ》

氏がリツイート（転載）したこともあり、瞬く間に社会の関心事となった。この発信を見たネットユーザーたちは山東省を大非難。山東省濰坊市側も、中央政府の批判を恐れて、現地の７１５企業を対象に大規模な地下水汚染調査を行った。また最高10万元の懸賞金付き密告制度も実施され、密告された企業に対し、敷地を掘り起こすような調査までした。メディアもこぞって地下水汚染問題を取材した。だが、結局、地下１０００メートルをボーリングして高圧ポンプで排水を直接地下水層に流すような問題企業は見つからなかった。

その後8月になって、ネットデマの一大粛清キャンペーン時に摘発された湖北省武漢市の「デマ拡散集団」が取り調べの過程で、山東省濰坊の高圧ポンプ排水による地下水汚染についての情報のねつ造と拡散を行った、と自供した。「デマ拡散集団」とは、企業や組織、個人から金をもらって、ライバル企業や敵対組織・個人の嘘のネガティブ情報などをさも事実のようにマイクロブログで拡散させる組織で、表向きはＰＲ会社の看板をかかげていることもある。ステルスマーケティングのネガティブ版みたいなものである。こういうデマを流すことによって一時的に不動産や株価を上下させ、利ザヤを稼ぐような組織もある。
8月29日に摘発された武漢の組織は600人前後のメンバーをかかえ、「大V」と呼ばれる、フォロワーの特別多いネット上で影響力の非常に強いアカウント300人を掌握し、効果的に「デマ」を流していたという。その利益は年間100万元以上だったとか。

私はこの山東省地下水汚染問題が「デマ」であると判明していなかった2013年7月4日、この「デマ」の影響もあって山東省の工業地域を訪れていた。場所は濰坊市より300キロほどまっすぐ内陸に向かったところにある山東省茌平《しへい》県である。

茌平県は急激に工業化が進んだ農村地域で、今は中国100強県の一つに数えられる。だが、その代償としてひどい大気汚染、そして地下水汚染問題でも悩まされていた。その現場をひと目見ようと考えた。やはり一人で北京から高速鉄道で済南駅まで行き、そこからタクシーで行くことにした。

タクシー運転手は残念なことにものすごい山東なまりの男で、会話を続けるにも、何度も聞き返したり言い直したりして、一苦労だった。だが、額の禿げあがった気のよい男で、少し話すと地元の情報にも詳しいことがわかった。茌平県の汚染問題についてもよく知っていた。「濰坊に行けばいいのに。地下水汚染といえば、今は中国メディアはみんな濰坊に行っているよ。

1000メートルのボーリング掘って地下水に直接、汚れた排水をそのまま流し込むんだと。ひでえ話だ」と言うので、「いや、濰坊はいろんなメディアが取材しまくっているけど、まだ汚染源が見つかっていないらしいよ。だから私は、こっちに来たんだ」と答える。「茌平県はどんな感じ？」

運転手は「俺の同業者が茌平県の村出身だけど、井戸の水が赤いんだとよ」と答える。よし、当たりの運転手だ、と内心思いながら、じゃあ、新聞記事で地下水汚染があると報道されていた干韓《かんかん》村に行ってみて、そのあと、あなたの同業者という人の家に連れていってよ」と頼む。相当な長距離運転になる、つまり稼げるとふんで、と運転手は喜んで、よし来た、と応じてくれた。

強烈な化学臭で涙の出る工業地帯

茌平県の汚染問題を最初に詳しく報じたのは中央紙・中国青年報だった。県の農村で地下水汚染が深刻で地下水が飲めない状況になっていた。10年ほど前から村民には腎臓病、がんのほか、手足のまひなど奇病を訴える者が多いという。だが、県環境保護当局は地下水汚染の存在を否定していた。周辺の村の井戸の水はうっすらと黄色かったり、表面に虹色の油膜が浮いていたり、泡立っていたりするという。村民たちは「牛や羊でさえ、この水を飲むと、子供が生まれなくなる」と訴える。だが地元官僚は「貧困で死ぬより病気で死ぬほうがましだろう」とうそぶいたという。

7、8年前から隣県の水源から水道が敷かれるようになったが、1立方メートル7元以上して、これは農村生活にとって大きな負担となっている。農産物も水が悪いせいで収穫が減っていると村民たちは訴えている。過去1畝（6・67アール）当たりトウモロコシ650キロの収穫があったのが、今では200キロから400キロ程度に減ったという。

茌平県に汚染をもたらした原因企業はアルミ工場だと考えられている。2004年にこの地に建設された「信友集団」は60以上の企業を傘下に置き、電解アルミ製造業では世界的規模、酸化アルミ生産量は国内最大、2011年公開データで総資産1200億元以上。茌平県を走る国道309号線沿線の工場はおおむね同集団に属する。俗に言う四百プロジェクト（投資100億元、100万キロワット熱電プロジェクト、100万トンの酸化アルミプロジェクト、100万トンフライアッシュコンクリートプロジェクト）を掲げて、ものすごい勢いで稼働しているという。茌平県の財政収入の8割以上が信友集団の貢献によるものだとも。2002年GDP値で全県527位だった茌平県は、2011年には98位で100強県入りした。信友集団の会長はかつて県の副書記を務めたこともあり、茌平県にとって信友集団は絶対的君主のような存在だった。

だが、この企業集団がもたらす汚染は深刻だった。アルミ産業は高エネルギー消費、高汚染産業である。中国青年報の取材によれば、企業の排水管は黒いビニールで覆われ地下に伸びており、加圧設備で地下水脈層に廃水を直接流し込んでいるのだという村民の証言を紹介している。また、真っ赤な廃水を垂れ流す排水口の写真なども掲載してあった。アルミ粉を酸化アルミにする工程で出る廃液は真っ赤な泥状で、それを干韓村の敷地内に造ったため池に放出しているのだという。1トンの酸化アルミ生産当たり1トンの赤泥廃水が出る。かなり高いアルカリ性でフッ化物やアルミが含まれているそうだ。

茌平県の工場地帯。アルミ工場が集中し排ガスの臭いがすごい。（筆者撮影）

私はiPadの中に保存したこの記事を運転手に見せながら、同じ場所に行きたいと説明した。運転手は心得たように、高速に乗って茌平県まで一気に走り、まず国道309号に降り温陳街道と呼ばれる道を走った。

うわさにたがわぬ工業地帯だった。発電所のコンクリート製の巨大な炉が立ち並び、もくもくと白い煙を立ち上らせている。真昼の太陽はその煙の向こうに銀色の盆のように鈍い光にかすんでいる。私は車の窓を開けていたが、強烈な化学臭が車の中に流れ込んでいた。刺激で目からぼろぼろと涙が出てきた。工場の門の前で停車してもらい、写真を撮ろうとすると、門の脇の詰所にいた警官かガードマンらしき制服男性が叫びながらこちらに走ってきたので、慌てて車を発車させる。しばらく走って、ついて来ていないことを確認すると、車を降りて、工場従業員らしい男性に道を聞くふりをして、問いかける。「地元の人?」「ああそうだよ」「なぜ工場で働くように?」「農地がなくなって、工場ができたからだよ」「汚染がずいぶんひどいみたいだね」「まあ、経済発展の代償みたいなもんさ」。地元言葉で運転手に聞いてもらいながら、私は素知らぬふりで彼らの会話に聞き耳をたてる。「ところで干韓村はどっちに行けばいい?」……

ウイグル族に間違われる

なかなか干韓村に通じる道がわからなかった。途中、ぬかるみ道で通れず引き返すこともあった。すでに昼を過ぎていたので、タクシー運転手が空腹を訴える。しかたない、まずは県城(県庁所在地)に入り、昼ご飯を食べることにする。県城の中心部に入り、赤信号で停車したときである。後ろにパトカーが止まった。不覚にも、それまでパトカーに気づいていなかった。いつごろからつけられていたのだろう。

中から若い制服警官が出てきてタクシーに近づき、私に向かって言った。「お前、工場の写真を撮っていただろう」。

とっさに、中国語がわからない旅行者のふりをした。日本語で「何を言っているかわからない。私は旅行者です」と答えた。すると若い警官は顔色が変わり、「お前はウイグル族だな!」と、言い出した。携帯電話で上司らしき相手に報告している。「ウイグル族の怪しい女を捕まえました! 工場を撮影していました。……」

えーっ?と耳を疑った。私のどこがウイグル族に見えるのだろう。ウイグル族は彫の深い中東風の美人顔ではないか。ひょっとして「平たい顔」のウイグル族もいるのだろうか。ようやく思い至ったことは、日本語がウイグル語と若干音が似ていること、そして7月4日が「7・5事件前特別警戒」の真っ最中であったということだった。

7・5事件、つまり2009年7月5日に新疆《しんきょう》ウイグル自治区ウルムチ市でウイグル族のデモから始まった騒乱事件4周年の今年、新疆ではウイグル族と漢族の対立が激化しており、自治区では異様な緊張感に包まれていた。自治区内では、戦争でも起こす気かと疑うばかりの武装警察、公安警察を招集し、全域封鎖の「反テロ演習」を展開していた。だが、ここは自治区より遠く離れた山東省の片田舎である。まさか、タクシーに乗っている観光客をウイグル族容疑で取り調べするとは。唖然とする私と運転手は、パトカーに先導され県城のホテルにまで行くことになった。

ホテルはそれなりに立派でロビーラウンジには誰もいなかった。電気が消され、営業しているかどうかわからないそのロビーラウンジの椅子に案内され、そこで公安局から来た複数の制服警官に取り囲まれるように尋問を受けた。一番偉そうな年かさの警官はおそらく課長級だろう。銀縁メガネをかけて丁寧な普通語の言葉づかいで私に話しかける。私は明瞭に彼の話す言葉がわかったが、徹底的にわからないふりをした。「どこから来たのか」「何の目的で来たのか」。

何を聞かれても「アイム、ツーリスト、日本人よ！」「キャンユースピークイングリッシュオアジャパニーズ」と片言英語で繰り返す。年かさのメガネの警官は「おい、だれか英語話せるか」と数人の警官を見回す。私をウイグル人呼ばわりした若い警官が「こいつ、さっきウイグル語を話しましたよ」と言う。「俺は昔、新疆生産建設兵団にいたから、ちょっとウイグル語わかるんですよ」と言って、なにやらウイグル語っぽい言葉を話しかける。私はそれを無視して、日本語で「そんなのわかんねーよ」と言い返した。すると、若い警官は「ほら！」みたいな顔をする。

年かさの警官が「パスポート！パスポート！」と言うので、私は慎重にパスポートを取り出し、期限の切れたジャーナリストビザの貼ってあるページを見せないように、自分でパスポート写真と番号の開いてあるページや入国日のスタンプを押してあるページを開き、一緒に「観光」と渡航目的の書いてある日本の旅行保険証を見せた。メガネの警官は若い警官をちらりと責めるように見た。

だが若い警官は「こいつら工場の写真を撮っていたんですよ、絶対怪しいですよ」と、なおも食い下がる。年かさの警官は「アーユージャーナリスト？」とカタコト英語で聞いてきた。周囲の警官たちが「あなた、英語が話せるんですか！　すばらしい！」と声をあげると、年かさの警官はまんざらでもないように「ちょっとだけな」と頭を掻いて見せた。私は自分がただのツーリストであることを繰り返した。すると年かさの警官は頷いて、うむ、と言った。「こいつ、中国に来たのは何度目なんでしょう」と周りの警官が言うので、それを受けて年かさの警官が「えーっと、ユーカムチャイナ、ワン？ツー？」と聞くので、やはり「私はツーリストとして何度も中国に来ています」とカタコト英語で話すと、年かさの警官はツーリストのツーをTWOに聞き間違えたのか「2回目だそうだ」とみんなに説明した。若い警官たちは英語のできる上司に「おお！」と尊敬のまなざしを向けたが、私は思わず中国語で「不是（ちがう）～」と言いそうになるのをこらえるので必死だった。

そんな珍問答を繰り返しているうちに、もう一人、若い制服ではない男性がロビーラウンジにあわてた様子で駆けこんできた。「すみません、遅れました」。

年かさの警官はほっとしたように「彼は私の友達で、日本に留学経験があるんで、日本語が話せるんだ」とみんなに紹介した。私はその日本留学経験者の通訳の男に向かって、「私は旅行者なんです。なぜ、ここで尋問されているのでしょうか」と日本語で聞いた。すると「ワタシ、ニホンゴ、スコシハナセマス」とあいさつした。「私はなぜ、ここで尋問されているのでしょう？」「アー、もう一度イテクダサイ」「私がなぜここにいるのか、その理由を知りたいのです」

私たちのやり取りをじっと見守っていた年かさの警官が、「彼女がどこに行こうとしていたのか、聞いてくれ」と通訳男にたのむ。「アー、ナニシニキマシタカ？」「旅行です」と即答した。通訳男が「旅行だそうです」と警官たちに向かって説明する。「なぜ荏平県に来たのか。荏平県をどうして知ったのか、聞いてくれ」と年かさの警官。ちょっとこの通訳には難しいセリフだったようで「アー、アー」と言葉につまって「荏平県、シッテマスカ?」と尋ねた。私は「知っています。大学の先生が荏平県にぜひ行くように勧めてくれました」と日本語で答えた。もちろんそんなことを言った先生などいない。だが中国では「老師説的(先生が言った)」という言い訳は結構説得力(?)がある。通訳は「学校の先生が、ここに来るべきだと言ったそうです」と説明した。「なんで荏平県に?」と警官たちは驚いた。通訳は「なぜ、先生は荏平県をシリマスカ?」。私「先生の友達が荏平県出身でいいところだと聞きました」。通訳がその通りに説明する。警官たちは「荏平県は日本で結構知られているのか?」と感心したように言うので、通訳は私に問い返さずに「有名みたいですよ」と答えた。おいおい。

私はそろそろころあいだと見て、通訳に「もう、帰っていいでしょうか」と尋ねた。「タクシー料金が気になるので」。通訳が説明すると、警官たちは思いついたように、タクシー運転手に聞いた。「言葉が通じないのにどうして彼女を乗せた。どこで乗せた」と聞いた。タクシー運転手はそこそこ頭の切れる男で「高速鉄道駅で乗せた。それ以外は知らない。行き先は紙に書いてもらった」と説明した。

年かさの警官と部下の警官たちはなにやらこそこそ話はじめた。「どうやら本当に旅行者みたいですね。どうしましょうか」「まあ、飯でもおごって帰すか」……

「干韓村」に警官の顔色が変わる

そのとき、もう一人若い女性が来た。やはり私服のスカート姿。髪を後ろにまとめて、メガネをかけていた。彼女は正式な日本語を話せる警官らしい。非番ですぐ連絡がとれず、遅れてやってきたのだと、年かさの警官との会話でわかった。彼女はかなり流暢な日本語で私に話しかけた。「日本人ですか？」「はい、日本人です。私に何か問題があったのでしょうか。なぜここに連れてこられたのか訳がわかりません」「大したことはありません。たぶん、あなたを記者か何かと間違ったのだと思います」「記者は茌平県に来てはだめなのですか？」「あなたは記者なんですか？」「いいえ、記者ではありません」「記者が来たときは、政府に連絡しないといけないんですよ」「なぜですか」「きちんと接待するためです」。私は苦笑いした。年かさの警官が、なぜ茌平県に来たかもう一度聞いてくれと女性警官に言う。「なぜ茌平県に来たのですか。観光名所はないでしょう」と聞く。私は「済南に遊びに来たついでに、私の大学の先生の知り合いが茌平県にいるので訪ねてほしい、と言われました。でも彼の住んでいる村の場所がわからなくて」。

「どこの村ですか？」「干韓村です」

女性警官の顔色が少し変わった。年かさの警官に「彼女は干韓村に行きたかったようです」と説明した。年かさの警官も少しいぶかったように「なぜ干韓村に外国人が？」と繰り返した。やはり干韓村はトラブルがあるのだな、と察した。中国青年報が取材したくらいだから、村民と企業の間にトラブルがあり、村民側が中国青年報に汚染問題を告発したのだろう。

ここでもう一度尋問が始まったらめんどうだ。「でも、もう夕方です。干韓村に行くのは諦めますよ。きょうは済南に泊まる予定ですから」と、そそくさと帰ろうとした。若い警官が「こいつ写真を撮ってましたよ。なぜ工場の写真を撮ったんだ！」と言う。女性警官が「写真を見せてください」というので、デジタルカメラのスイッチをいれて、これまで撮った写真を年かさの警官と女性警官に見せた。農村の女性が赤ん坊を抱いてあやしている様子や、牛やガチョウがあぜ道を歩いているのどかな風景が写っていた。「私は中国の農村風景が好きなんです。観光地に行くと、必ず周辺の農村に足を延ばして田園風景を楽しむんですよ」と説明した。工場を撮影したＳＤカードはすでに入れ替えていた。

年かさの警官と女性警官は顔を見合わせて「やっぱり普通の旅行者ですよ」と話している。「干韓村はどんな村なんですか？　聞くところによると、すごくきれいな農村だそうですね」と、私は聞いてみる。

女性警官は一瞬言葉につまって「何にもない、普通のつまらない農村ですよ。外国人が見ても面白くないと思います」と答えた。

「何にもないのがいいんじゃないですか。人工物とかあまりなくて、ただ自然と人の素朴な営みだけがある。日本ではそういう農村が減ったので、憧れるんですよ。ところで、私の写真に何が写っていると思って調べたんですか」

「彼(若い警官)が、あなたが工場を撮影していたと言ったものですから」

「私は工場など撮影していません。でも、なぜ工場を撮影してはだめなんでしょう」

「だめなことはありません。工場を撮影するなら、きれいに撮影できるよう、お手伝いしようと思いました」

私はもう一歩突っ込んで聞いてみる。「彼(若い警官)は、最初、私のことをウイグル族だと言っていたと思うのですが。ウイグル族は茌平県に来てはダメなのですか?」

「誰もウイグル族なんて言ってませんよ」と、若い警官に確認することもなく即答した。

女性警官は「食事でも一緒にどうですか? おなかすいたでしょう?」と誘うので、「済南で友人と食事をする約束があるんです。すぐに済南に戻ります」と答えた。

年かさの警官は、心なしかほっとした様子で「では、お引き止めしません」と見送ってくれた。

タクシーに乗り込んで、車が高速道路に乗ったあと、運転手に「食事抜きになってしまった。ごめん」と謝った。運転手は「いやいやいや、面白かった。あんたやっぱり記者だろう」という。「記者じゃないよ。あえていえば、作家かなあ。いろんなところに行って、見たことや聞いたことを本に書くだけだよ」と答えた。嘘はついてない。

しかし、こういう形で目的地に行けなかったのはこれで2度目だ。汚染がある場所というのはやはりぴりぴりしている。いや、今回は汚染だけでなく、ウイグル問題も関係あるだろう。漢族がいかにウイグル族におびえているか、そのおびえによって、ウイグル族がいかに不当に行動を制限されているかは、今回身をもって思い知った。中国国内のウイグル族に生まれてしまったら、工場や公共施設を写真に撮るだけで、破壊工作準備のテロリスト容疑がかかってしまう。これでは普通に観光旅行などもできないではないか。

運転手が「なあ、明日、干韓村に行かないか。他の村にも連れてってやるよ」と言う。この運転手もなまりからして農村出身なのだ。だから、何としても私に農村の地下水汚染の実態を見せたい様子だった。「県城をまた通ったら、きょうの警官に見とがめられるかもしれない。また捕まったら目も当てられない。県城を通らずに村に行く道あるかな」と私は聞いてみる。「大丈夫だと思う。運転手仲間にあらかじめ道を聞いておく。農村が経済発展と引き換えに何を犠牲にしたか、あんたに見てほしいよ」。

そこで済南に1泊して、明日もう一度、地下水汚染の村に行ってみることにした。

油の浮いた井戸水

翌日、そのタクシー運転手の車で再び茌平県に赴いた。今度は県城に入らずに迂回する形で周辺の村を回る。

博平鎮《はくへいちん》に入り、運転手が言う。「俺の同僚が言うには、このあたりなんだが」。

何度か同僚の運転手に携帯電話で連絡を取りながら、目的の村を探す。このあたりは新農村開発が行われているのか、至るところで道が通行止めになっていた。いろいろと迂回しながら、ようやく1軒の農家にたどり着いた。同僚の家だという。日干し煉瓦でつくられた土壁に粗末な木の門があり、観音開きの扉の上にはがれかけた春節用の対聯《たいれん》が残っていた。扉は門が開いていて、運転手が声をかけながら扉を押すと、中から70がらみの老人がひょこひょこと出てきた。運転手が私の聞き取れない地元言葉で、私のことを紹介する。老人は手招きし、中に迎え入れてくれた。典型的な農村の家で、ものすごく豊かというわけではないが、どうにもならないほどの貧困という感じでもない。庭には鶏が数羽放し飼いにされ、片隅に手押しポンプがあった。運転手が何やら話すと、老人はうなずいたように手押しポンプを押して、白いプラスチックの桶に勢いよく水を入れた。

運転手は「なんだ、赤い水じゃないな」と言いながら「でも、油が浮いている。なんか白い粉も浮いている」と指さした。勢いよくポンプの蛇口から注がれた水は泡立ち、白い顆粒のようなものが無数に水中を舞っていた。そして桶にたまった水の表面には虹色に輝く油の皮膜ができていた。老人がものすごい山東言葉で何か言っているのを運転手がやはり山東なまりの普通語で説明してくれる。「赤い水は、別の村だそうだ。でも、この水も飲むと、がんになる、と村の書記が注意を促したそうだ。だから水道水を飲め、と言う」。

水道は数年前にこのあたりにも敷かれたという。だが、タダではない。公式データではこのあたりの水道水は1立方メートル7元。農村生活者には安い金ではない。私は桶にたまった水を手ですくい、口に含んでみた。運転手が「おい、やめろって、病気になるぞ」と慌てる。なんともいえない渋いような、えずきたくなるような味がして吐き捨てた。これでは体に悪い良い以前に、舌が受けつけない。

「家畜ですら、こんな水飲まねぇ」と老人は恨めし気に言った。「昔はみんな井戸の水飲んでたんだ。いくら飲んでもただや。水道水を飲め、と書記は言うが、ただじゃねぇ。もったいねぇから、飲み水以外の洗い物や洗濯、掃除はこの水を使っている」。

「汚染源は何ですか？」と老人に聞くと、老人は私の聞き取れない言葉で、何か言った。「四百アルミだとよ」と運転手が通訳してくれた。３０９号線沿いに並ぶアルミ工場群のことだ。

「がんは多いですか？」と聞くと、「だいたい、この数年、周辺の村で死ぬのはがんが原因だ。10人死ねば7人はがんだ。貧困で死ぬ奴はいない」と運転手が代わりに答える。老人の知人にがん患者がいれば、紹介してもらおうと思ったが、老人は首を横に振った。

次に、新聞記事に載っていた干韓村に行くことにした。ここから遠くない。運転手は今度は道に迷わずにたどり着いた。道行く村民に中国青年報の写真を見せながら、赤い汚泥を排出している排水口の場所を探す。だが、村民は首を振るばかりだった。妙だな、と思いながら、でこぼこの農道をぐるぐると回っているうちに、問題の排水口の場所にたどり着いた。ただし工場は高いコンクリート壁でぐるりと囲まれていて、中が見えないようになっていた。近くを通った農民の男性に事情を聞く。「ああ、この排水口はこの壁の向こうにあるよ。昔は中が見えたが、今は壁で目隠しして、中に入れなくなった」と説明した。

運転手が言った。「たぶん、新聞記事になったから、慌てて目隠ししたんだな」

中国青年報の報道が2月22日だから5か月足らずの間に一応の隠ぺい工作をしたということだろうか。

工場は干韓村の東南部の500畝の土地を1畝あたり4万元で村から収用した。土地の使用目的は工場から出る汚泥の廃棄場所だという。高い壁の向こうには、深さ十数メートルの大きな穴が掘られ、酸化アルミ生産の過程でできる赤い汚泥を堆積している。その様子は白い泡を浮かべた赤い湖のようで、それはグーグルの衛星写真でも確認できるほどの規模だという。さすがにこの壁をよじ登って中の写真を押さえるという無謀はできなかった。

しかも、その日のうちに北京に戻る予定で高速鉄道のチケットを購入していたので、そろそろ列車の時間を考えるとタイムリミットだ。

運転手がそろそろ帰らないと、と促し、私も同意した。

済南の高速鉄道駅に向かう帰りの車の中で、つくづくと考える。全国100強県入りするほどの経済発展と引き換えに茌平県民が失ったものは何か。大気と水。このバーターは正当なものだったろうか。

車の窓を開けて走るだけで涙がぼろぼろこぼれるような強烈な「スモッグ」。家畜ですら飲めないようになってしまった「地下水」。クーラーの効く高級車を買えるようになれば、大気汚染は許せるのか。安全な水道網が敷かれたから地下水汚染は問題にならないのか。この環境汚染の結果を予測したなら、村民たちは本当にアルミ工場群の移転を、経済発展を歓迎しただろうか。そもそも100強県だというのに、今日訪れた農村はなんと貧しげな様子だったことだろう。

茌平県の公式見解は「地下水汚染は起きていない」。だがやはり、それは嘘だった。隠ぺいというにもお粗末な汚染実態のごまかしは、地方の農村とそこに生きる人々への蔑視にほかならない。

山東省濰坊市の地下水汚染騒動は7月のこの時点で汚染源企業の特定がされておらず、デマなのか真実なのかははっきりしていなかった。9月になってデマであることが判明したのだが、私は今でも、本当にデマなのかと疑いが捨てきれない。それほどに、地方政府は堂々と隠ぺい工作をはかり、公式に嘘をつくものなのだ。

がん村村民からの陳情の手紙

話は遡るのだが、汚染問題の本を書こう、という気になったきっかけの一つは2013年3月某日、山東省日照市五蓮《ごれん》県高沢鎮《こうたくちん》を訪れたことだった。インターネットで偶然見かけた「がん村村民からの陳情の手紙」に興味が湧いた。この手紙は生命時報という新聞の編集部に寄せられたもので、同紙のウェブサイトで公開されていた。

「今や高沢鎮周辺のいくつかの村は地獄と化しています」「臭く黒い死の河が流れています」「水道水も薄赤く、白い結晶の顆粒が混じっていて、一口飲もうとしても渋くて飲み下せません」「ダムの近くに化学工場があり、その廃水による汚染ではないでしょうか」「高沢村、邱村《きゅうそん》ではこの2年、がん患者や脳血栓患者が明らかに増えています。数十年前にはこんな病はありませんでした」「子どもの鉛中毒も多いです」「脳血栓で半身不随になった病人が、言語も不明瞭で体を引きずるように歩く姿は生きた屍のようです」

「2003年までに高沢村東、邱村西の肥沃な土地が五蓮県経済開発区に収用され、高沢工業園区となりました。山東康洋電源有限公司が２００２年から電気自動車向け蓄電池、充電器、リモコンなどを製造。地元官僚の多くは、康洋のような企業は強力な政府とコネがないと環境保護局からの認可は得られない、と言ったことを示唆していました」「２０１２年にアジア第二の鉛加工企業・山東新春興再生資源有限公司が稼働しました。これは当初江蘇省にあったのですがひどい汚染を引き起こし、地元住民を鉛中毒にさせたものですから追い出されて、高沢工業園区にやってきたといわれています」

「五蓮万盛電鍍、山東百亮光学レンズ、山東凱翔生物化工などの大企業が汚染を排出しています。高沢鎮南河、西河に流れ込み、最終的には墻介貯水ダムに流れ込みます。この水は農家の灌漑や養殖の水源です」……

　ちょうどぽっかりと時間があったので、この「高沢鎮村民代表」という匿名の手紙が真実かどうか、確かめてみようと思った。ちょっとした出来心である。

　日照市五蓮県は青島からそう遠くない。北京から日帰りはちょっと無理だが、青島で１泊すれば１日半で十分見て帰ってこられるだろう。そういう軽い気持ちで高速鉄道で青島にまで出て、そこからバスで日照市五蓮県の県城まで出た。そこで、普通の営業タクシーに乗って「高沢鎮へ」と伝えた。

　タクシー運転手は「高沢鎮のどこへ行きたいのか？」と聞くので、生命日報に載っていた邱村の地名を告げた。すると、携帯電話で運転手仲間に電話して、邱村の情報をいろいろ聞いてくれる。さらに私が環境汚染やがん村に関心があるのだと聞くと、周辺の情報について教えてくれた。私はこの時、タクシー運転手というのはほとんどが農村出身で、汚染や土地収用などの農村問題に強い関心と同情を持っていて、こういった農村の矛盾を調べようとする記者や作家に非常に協力的であることに気づいた。しかも、常にその土地を走り回っている無数の運転手仲間のネットワークがあり情報通である。地元タクシー運転手をガイド兼通訳にする手法はその後、何度も利用することになる。

県城内を流れる高沢河はさして汚臭もしない標準的な水質に見えた。川沿いに上流に遡るとやがて麦畑が広がる農村地帯に入る。「このあたりが高沢鎮だよ」と運転手が説明する。告発の手紙にあったような半身不随の病人が歩いていないかと目を凝らしたが、外を出歩いている人影すらほとんどない。道は舗装されており、畑を過ぎると、工場区が続いた。

汚染源企業と名指しされていた電気自動車の蓄電池などを製造する康洋電源有限公司をまず探した。だがその正面玄関前近くにタクシーを停車して窓を開けようとしただけで、派出所から警官が飛び出してきた。工場の門の隣に警察が派出所を設置していたのだ。これはまずいと思い、慌てて車を走らせた。

工場から2キロほど離れたところで小学生くらいの子供が3人歩いていたので、聞き込みをしてみる。このあたりに病気の人はいるか。体が不自由な人はいるか。子供たちは緊張した顔で、「見たことがない」と答えた。鉛中毒の話も聞いたが首を横に振るだけ。その様子があまりに頑ななので、一瞬口止めでもされているのかと疑った。確かに流れている河は黒と白濁が混じる不気味な色だったが、がん患者が見つからない。あの手紙は嘘だったのだろうか。しかし、それにしては工場の前に派出所などがあり、緊張感が漂っていた。

運転手が「がん村を探しているのか?」と尋ねた。「そうだ」と答えて、生命時報に載っていた告発の手紙を見せ、心当たりがないかと尋ねてみる。

「俺は、この村のことはあまり知らないが、正直に言えば、五蓮県周辺はいたるところがん村だよ。ここも、たぶんな」「ではなぜ皆、病気はないと言うのだろう?」「工場に密告されると心配しているんじゃないか? だいたい農村には書記の犬のような奴らがいて、工場に反対する奴らの動向を見張っているもんだ」

続けて「俺の知り合いの村に連れていってやろうか? そこも、がん患者が急激に増えているそうだ」と言う。急きょ目的地を変更し、運転手の案内に頼ることにした。

山奥の看板のない化学工場

高沢鎮からそう遠くない汪湖鎮《おうこちん》の村だった。高沢鎮よりもいくぶん奥地の農村だ。

道が細くなりでこぼこし、若干山あいに入って到着した村の農業用水路は黄色い泡だった水がゆっくりと流れていた。酸のような化学薬品的な臭いがした。コンクリート製の橋の上に初老の村民が立って、川をぼんやり眺めていたので声をかけてみた。

「この川はなぜ、こんな酸っぱい臭いがするんですか?」

村民は怒りをぶちまけるように言った。「昔はきれいな川だっただよ。魚もおったし、それを捕って食べた。家畜も水を飲んだ。子供は水浴びしていただ。おらたちだって、飯つくるんも、野菜を洗うんも、みなこの水を使っただ。今じゃ、魚一匹おらんようになってしまっただ!」。強烈な地元言葉でまくしたてた。聞き取れないでいると、運転手が通訳してくれた。

「2年ちょっと前に、この河の上流に工場ができたそうだ。何の工場かわからない。南方から移ってきたという噂だ。その工場は看板も付けていないんだ。何を作っているのやら。この河は汚染されている。週に1度くらいの割合で、どっと水量が増えることがあるんだ。工場が大量に排水する日だ。そのときの河は真っ白に泡立って強烈な臭いを放つ。最近、がんになったり脳血栓になる村民が増えている。子供のがんも見つかっているんだとよ」

ふがふがと山東の巻き舌でなおもまくしたてる老人の言葉を運転手がわかりやすく伝えた。患者は何人くらい?と尋ねると、「がん患者は40~50人だ。脳血栓患者は80人以上いる」。村の人口は?と尋ねると「1万人くらいだ」という。このデータを裏付ける資料は見当たらなかった。そもそも工場が出てきたのが2、3年前ならば、そんなに早く病気に現れるものだろうか。汪湖鎮の人口は2・6万人と公式の資料にある。数字の真偽はともかく、目の前を流れる水路は確かに強烈な臭いを放っていた。運転手が問う。「この川上に工場があるらしい。行ってみるか？」

車に乗り込んでそこから1、2キロぐらいのなだらかな細い山道を登っていった。何度か停車して山間を流れる川を確認する。上流に行くほど白く泡立ち化学品臭が一層強くなった。やがて化学工場が現れた。看板も何もなく、高い壁に囲まれていた。この工場の向かい側には「化学薬品有毒！」「注意身体健康」と白ペンキで書かれた直径1メートル、長さ3、4メートルほどの錆びついた薬品タンクが2つころがっていた。おそらくは使用済みの薬品タンクの不法投棄だろう。この有毒薬品タンクがこの化学工場で使われていたものなのかはわからない。

例の工場からは稼働中の騒音が聞こえた。壁が高くて中は見えなかったが、壁を貫いて黒いゴムで包まれた排水パイプが見えた。排水パイプはそのまま地面の下に埋め込まれている。近くの川に直接つながっているようだった。排水パイプのつなぎ目からは排水がちょろちょろもれ出し、地面に染みている。強烈な酸っぱいような化学臭だった。写真を何枚か撮っていると、運転手がそわそわとしだして、「おい、遠くで俺たちを見ている奴がいる。あれは工場側の人間だ。帰ったほうがいいかもしれん」と言った。村民らしい、中年の男が、道の向こうから駆け寄ってきているのが見えた。慌てて車に乗りこむ。タクシーのナンバーを覚えられては、運転手がかわいそうだ。「写真撮ったし、もう県城に戻るよ」。

車の中で運転手に聞いてみる。「きょう、ここに来たことを人に見られて、あなたの仕事に影響すると思うか？」

彼は「大丈夫、大丈夫」と笑った。「それより、あんた記者だろう？　中国でこういう工場が、農村の水を汚していることを告発してくれるんだろう。なら応援するぜ」。

「記者じゃないよ。作家みたいなものかな。中国のがん村の実態が、本当に報道されているとおりなのか、確かめに来た」

「実際は、報道されているよりもっとひどいよ」と運転手は言った。「県城を流れる河はきれいだったろう？　手前に浄水施設があるんだ。農村の汚れた水が県城（都市部）に入ってこないようにしている。その代わり農村は汚し放題だ。俺は生まれも育ちも農村だからな、こういうのが許せないんだ」。声に憤りが滲んでいた。

汪湖鎮の農村の奥に化学薬品のタンクが投棄され、ちょろちょろと薬品の残りが地面にこぼれている。タンクには白いペンキで有毒と。（筆者撮影）

五蓮県は、中国全体でみれば地方都市の「田舎」に属するが、その「田舎」でも都市部と農村部があり、汚染源工場は次第に農村の奥へ奥へと追い込まれている。それは汚染を農村の片隅に封じ込め、人口の多い都市部の環境を守る措置といえば聞こえはいいが、要するに、警察の力で不満を抑え込み、金の力で密告者を養い、団結による抵抗を阻止できる貧しい農村に汚染のリスクを押し付けているということではないだろうか。

ほんの思いつきでふらりと訪ねただけなので、私はそのまま青島経由で北京に戻った。北京に戻ってから汪湖鎮付近の汚染がニュースになっているか調べてみたが、報道はなかった。ニュースになっていない汚染の村は数えきれないほど全国にあるのだろう。

工場の名前すらわからない状況で、告発の手紙すら書けずに、ただ汚染に甘んじて怒りをたぎらせている農民たちが大勢いるのだ。ある地域で、汚染企業が地元民の抵抗にあって撤退と報じられることもあるが、その企業は実はこんなふうにより奥地の貧しい農村へと移転し、汚す場所を変えているだけなのかもしれない。

第三章

カドミウム汚染と食糧問題

カドミウム米の衝撃

広州市内には、湖南《こなん》料理屋が多くある。だいたいハズレがなく、値段が安い。四川料理よりも辛く、決して洗練された料理ではないが、いくらでもご飯がすすむ濃い味付けや多様な食材の料理は、胃袋の大きな労働者や若者たちを招いて食事するときに都合がいい。特に湖南料理はご飯がおいしい。湖南は米の産地であり、日本人にはなじみがあまりない長粒種だが、素焼きの鉢に一膳ずつ詰めて蒸した「鉢子飯」は、ついつい食べ過ぎること間違いなしだ。2013年7月、以前に世話になった工場で働く出稼ぎの女の子たちを誘って食事をするとき、やはり湖南料理屋を選んだ。だが、このとき彼女らは鉢子飯を頼まなかった。

「おなかすいてないの？　ダイエット？」と聞いたが、おかずだけで十分よ、みたいな生返事だった。あとで、ひょっとして、湖南米のカドミウム汚染事件が影響していたのだろうか、と思い至った。もっとも出稼ぎの女の子たちが、そんな繊細な都会っ子のような理由でご飯を食べなかったりはしないとも思うのだが、その時期の広州には「湖南米忌避」の空気は確かにあった。

汚染が食糧安全と確かに関係ある、と気づいたのは2013年2月以降に広東地方で問題となった湖南産カドミウム米流通事件のあとだった。この事件後、中国の米価格が跳ね上がり、その年の中国の米輸入量は世界1位になった。メディアは「カドミウム米危機」といったセンセーショナルな見出しをとり、カドミウム米の原因である土壌の重金属汚染問題が、改めてクローズアップされた。中国の都会の人たちにとって、重金属汚染土壌の農村は遠い彼方に存在するが、そこで作られた汚染米が自分たちの食卓に流れてくることに気づいて、やっと農村の土壌汚染が他人事ではなくなったのだ。

中国の土壌汚染がいかにひどい有り様であるか。国土資源部のデータでは中国の耕地面積の10％が重金属に汚染されているという。中国水稲研究所と農業部稲米及制品質量監督検査験測センターの2010年度の調査では、重金属汚染土壌は10％どころか、すでに全耕地面積の5分の1に達しているともいう。しかもカドミウム汚染は11省の25か地域の広範囲にわたる、とも。中国科学院地理科学資源研究所環境修復研究センターの陳同斌主任は、中国の全耕作地18億畝のうち、カドミウム・ヒ素に汚染された土壌だけで1・8億畝、中でもカドミウム汚染地は8000万畝にのぼると分析している（「新世紀」誌2011年2月14日）。

公式情報ですら食い違うのは、詳しい汚染地域の情報は「国家秘密」だからだそうだ。カドミウム米の生産量はおよそ2000万トンと言われ、中国の流通している米の10％を占め、推計4000万人がカドミウム米を食べなければならない状況という。

中国は米輸入国となったが、もちろん米・米粉製品を海外に輸出もしている。このニュースが話題になったときは、日本にも中国産カドミウム米が流入するのではないか、といった不安を口にする人も多かった。中国南方の米は、日本人の好む短粒種ではないし、日本の食品検査検疫はかなり厳しいので、私はそういうことはまずないと思うのだが、ビーフンやせんべいなどの米粉製品の原料に混ざってしまえば、カドミウムは検疫検査項目の対象外で、それを確認する方法もない。

汚染米をビーフン工場へ横流し

湖南産のカドミウム米が大量に広東省に流通しているという事実をスクープしたのは広東省紙・南方日報（2月27日付）だった。それによると2009年に深圳《しんせん》糧食集団が1万5000トン以上の湖南産米を国家備蓄用に購入したものの、その大部分から基準値を超えるカドミウムが検出され、不合格となった1万3000トン以上の米が湖南省の業者側に返品されることになった。だが返品となれば湖南省の業者側は輸送費その他もろもろも含め大損である。その足元を見た深圳糧食集団側が、その本来返品するはずの米を安く買いたたき、横流しした。少なくとも180トンが広東省仏山市の食糧卸売市場で格安に転売され、ビーフン工場などに買われたという。深圳糧食集団側はこの横流しによって、1000万元以上の利益を得たとか。この報道が出てから、広東省では消費者を納得させるために何度ものサンプル調査を行った。

広東省食品安全委員会弁公室が発表したところによれば、2013年5月下旬までで120回、カドミウム汚染米が検出された。

広州市食品薬品監督管理当局が行った抜き打ち検査では、米および米製品の44・4%がカドミウム含有基準値を超えた不合格品であった。中国では2007年当時、南京農業大学農業資源・生態環境研究所の調査をもとに中国国内市場に流通している米の約10%がカドミウムに汚染されていると警告されていたが、広州という中国屈指の大都会でカドミウム米がこれほど流通していたことには誰もが驚いた。

抜き打ち調査が行われたのは、外食産業や大学の学食などだった。ビーフンなど米加工食品からも見つかり、東莞にあったビーフン工場2か所はすぐさま生産が停止された。湖南産の米が一斉に市場から排除されたため、湖南省益陽《えきよう》市では、精米・米加工量が一気に7割以上減少し、この地域に集中している小規模米加工工場の倒産が続出した。ちょうど湖南は地元政府主導の食糧・油増産計画が推進されていたが、この計画自体がとん挫した格好だ。湖南産米、あるいは米の値段が暴落する一方で、東北産のうるち米が高騰するなど、中国全体の米市場をも揺るがした。5月22日付のウォールストリートジャーナルは「カドミウム米問題により中国の米輸入は増加する」と分析。9月になると、中国がナイジェリアを抜いて世界最大の米輸入大国になることがほぼ確実となり、中国がアジアの食糧市場価格に大きな影響力をもたらすと四川日報などが報じた。

湖南はもともと水の豊かな米どころだ。だが、同時に有色金属の里と呼ばれるほど鉱物に恵まれている。省の経済を潤すのは、農業よりむしろ鉱山開発だった。経済近代化の潮流にのった野放図な鉱山開発によって、湖南の13％の土地が重金属に汚染され、そこを流れる湘江のカドミウム汚染濃度は環境基準値の１８００倍というとてつもない数字となった。今回のカドミウム米汚染の原因については、汚染米の産地である攸県《ゆうけん》に鉱山はないため、化学肥料による土壌汚染だといわれている。湖南省地質研究所の童潜明教授によれば、中国のリン酸質肥料には1キロ当たり15・3ミリグラムのカドミウムが含まれている。それを大量に使い続けることで土壌にカドミウムが蓄積されるのだ。

カドミウム以外にも鉛、亜鉛、ヒ素、水銀など土壌汚染が各地で問題になっている。中国国際放送が運営するウェブニュースサイト・国際在線（ＣＲＩ）が２０１３年4月12日に報じたところによると、米国が中国・台湾から輸入している米の鉛含有量が多く、中国米ばかりを食べていると米国人大人が平均的に摂取する鉛量の20倍から30倍、児童の平均摂取の30倍から60倍の鉛を摂取することになる。米を主食とするアジア系米国人の子供ならば平均摂取の１２０倍の鉛を体内に入れてしまう。そう米化学学会が分析しているという。この鉛汚染も工業排水による土壌汚染が原因だと指摘されていた。

カドミウム・イエローの「死の河」

湖南料理屋の一件ののち、ネットでこういったニュースを見て、一度カドミウム汚染、重金属汚染の現場も見ておこうと思い立ち、7月某日に広東省韶関《しょうかん》市上壩《かみは》村を訪れた。

この村は大変有名である。上壩村は、40年以上の間、大宝山鉱山の洗鉱廃水によって、河や地下水、農地が汚染され続けている。農地からは基準値の44倍の鉛、12倍のカドミウムが検出されていた。１９９９年に地元紙が報じて以降、中央メディアも深刻な汚染問題として何度も繰り返し取り上げてきた。報道によれば、人口約３０００人の村で、１９６９年から99年までの約30年間に死亡した村民２５０人中２１０人の死因が、がんだったとも、80年以降にがんや皮膚病、腎臓結石など河川汚染が原因とされる病で死亡した村民が４００人以上だとも言われている。80年代に、すでに「がん村」と呼ばれており、中国でもっとも早期に「がん村」の呼称を得た村の一つである。また日本の土壌汚染問題研究の権威である畑明郎・大阪市立大学教授（環境政策）ら日本の研究者を含め国内外の専門家が現地調査を行い、国内外メディアの報道も多い。

私は広州市内で農村出身のタクシー運転手を探し、上壩村に連れて行ってくれるように頼んだ。今回も他の取材と並行で行っており、ほとんど仕込みなしの思いつきで行動した。目当ての韶関周辺出身の運転手は見つからなかったが、江西省の農村出身の30歳の若者が韶関の地名に「あ、カドミウム汚染のところだな」と興味を持って反応したので、お願いすることにした。夕方の交代時間（1台のタクシーは2人の運転手で時間帯を決めて交代制で運転する）までに広州市内に帰れるならば格安で運転を引き受けると言う。

広州から韶関までは高速道路を使っても3時間はかかる。本当なら韶関に宿泊すべきなのだが、翌日に広州で別件の用事を入れてしまっていたので、しかたない。現地の写真だけでも資料として押さえておくくらいのつもりで出かけた。

渋滞はほとんどなく、昼には上壩村に着いた。村に続く橋の下には、有名な横石河が流れている。カドミウム汚染がひどく、この水を1万倍に希釈した水でさえ、魚は24時間生きていられない。２００５年に華南農業大学の研究チームが実験でそう証明した通称「死の河」である。私が訪れた時期は晴天が続いていたせいもあって、水量はそんなに多くなかったが、かつて写真で見たように、毒々しいカドミウム・イエローに染まっていた（口絵参照）。

河端に降りて写真を撮っている私を70歳くらいの小柄な老人がじっと見つめていた。こちらから声をかけてみる。「この河がこんな色なのは、カドミウムのせいですか？」

「雨が降るとな、この水は黄色から真っ赤になるんじゃ」

なまりはキツイが、そう聞こえた。運転手が聞きなおしてくれた。彼は自分が村民委員だ、と教えてくれた。タクシー運転手は若いだけあって、広東の田舎言葉も多少聞き取れるようだ。カドミウム汚染は、今はどうなっているのか、と尋ねてもらった。

「この水では、魚も鴨も飼えない。死の河だ！」と身振りを交えながら腹立たしげに訴えていた。

聞き取りにくいが、一応、普通語を話してくれている。多くの国内外専門家がこの地を訪れているので、インタビュー馴れしているのかもしれない。なまりの強い言葉を必死に拾おうとして、この老人に向き合っているとき、その背後に見える100メートルほど離れた農道を、足の骨がぐんにゃり曲がったおばあさんが体を揺らすようにして、歩いていた（口絵参照）。農村に多い老化による骨の変形なのかもしれないが、その様子はかつて日本の神通川流域で発生したカドミウム汚染が原因の公害病イタイイタイ病を連想させた。

「あそこに、足の悪いおばあさんが歩いていたんですけれど、カドミウム汚染と関係があるのでしょうか」

老人はうんうん、とうなずいた。老婆を呼びとめようと、手を振ったが、彼女はこちらをちらりと見て、向こうへ行ってしまった。走って追いかけることもできたが、それはしてはならない気がした。

私の相手をしてくれた老人は、いろいろ話してくれるのだが、残念ながら方言の壁により半分もわからない。運転手が時折、聞き取れる言葉を訳してくれる。「企業から1人当たり毎年10

元の補償が出ているそうだよ。でも3000人の村だから全額でも、たった3万元で、物価がすごく上がっているのに、一度も値上がりしていない。ぜんぜん足りないのだ、と文句を言っている」。老人は身振りで憤りを表すように、手を振りながら恨み言を呟いた。

老人とのあまり伝わらない会話のあと、橋の反対側の通りに売店のような農家のような家があり、中年の女性たちが私たちのほうを見ていた。おずおずと話しかける。やはり、なまりが強く運転手が通訳してくれる。

ここはイモと米を作って暮らしている貧しい山間の農村である。だが米はカドミウム米として外部に売ることができず村民が自分で食べるしかない。イモは自分たちが飼う家畜の餌としている。

「ここで収穫された米を食べているのですか?」と聞いてみた。

「さすがに子供に食べさせる米は外から買っているわよ。村で作った米は年寄りに食べてもらうんよ」

農村と都市の格差がもたらした汚染問題

7月、韶関市の農業副局長がテレビ番組で「カドミウム米は毒米ではない。1、2年食べ続けても問題ない」と言い放ったことがニュースになった。数年のことなら気にすることはない、という理屈だ。「特供農産品」と呼ばれる専用の農地で収穫されている安全なオーガニック農産物を食べているような官僚がこのような発言をしても説得力がなく、世論から大反発をくらった。カドミウム米を食べざるを得ない村民の健康に影響が出ても、官僚たちはそれを認めようとはしないだろう。

「ひどいねぇ……」と思わず、ため息がもれた。ところが、これを聞いた運転手は「でも、この村、道が全部平らできれいだね。家の屋根に全部、太陽熱温水器がついている。俺の故郷の村と比べようもなく豊かだ。うらやましいよ……」と言い返した。

「え？」と耳を疑って聞き返した。「たぶん企業や市政府は罪滅ぼしみたいに、道を舗装したり水道を敷いたりしたと思うけど、それは汚染の代償でしょう？　汚染があっても豊かなほうがいいの？」

「俺の村はね、雨が降ると道がぐちゃぐちゃのドロドロになって、足がくるぶしまで泥に埋まったよ。お湯だって、雑木の薪で火を焚いて沸かした。服だって、この村の人たちのほうがこぎれいだ」

「お金は出稼ぎに行けば手に入るじゃない。故郷の村の水や土地は汚染されると何十年も元に戻らないんだよ」と詰問調に言い返すと、彼は「うーん」と首をひねっていた。

彼の言葉は、農村の貧しさの中で育った若者の偽らざる気持ちなのだろう、おそらく。故郷が不可逆に汚染されることと、貨幣経済的な潤いを天秤にかけて、経済をとる農民も少なくないからこそ、農村に汚染企業が移転してくるのだ。汚染問題、そしてその結果としての食糧安全問題は、農村と都市の格差、農民と官僚の身分差、貧富の差、その結果生じる価値観の差も複合的に関わってくるテーマなのだと改めて気づかされた。

赤黄色い汚染の淵で

時間があまりないので、上壩村を後にして、汚染源となる大宝山鉱山に向かった。アスファルト道路の向こうに海抜1062メートルの大宝山の赤い山肌が見える。

アスファルトの山道を車で登ること小一時間、鬱蒼とした夏草おい茂る道路際の向こうに、毒々しい赤黄色い淵が見えた。欄泥壩《らんでいは》(廃土をせき止めるためのダム)である。そこで車を止めて、欄泥壩の水をもっと近くで見られないか、と夏草をかき分けて降りようとしてみた。運転手が「危ない、危ないよお」と後ろから声をかける。

これは洗鉱廃水が直接河に流れ込むのを防ぐために作られたため池のようなもので、表面はオレンジ色の泥の層でできているように見える。このため池にいったん廃水をため、泥などをまず沈殿させる。だがダムの端からは赤黄い水がじょろじょろと漏れていた。この水の行方は先ほどの横石河だ。村の老人によれば、大雨が降れば、水底にたまる赤い汚泥がさらに流れ込み、河が真っ赤になるというから、雨季や台風の季節の汚水の流れ込みぶりは想像に難くない。

頑固な夏草のせいで結局、水辺の様子は確認できずじまいだった。汚染土壌にしては元気な夏草である。ムッとする硫化鉄の臭いを感じたあたりで、引き揚げた。無理に足元の悪いところを進んで、ダム湖にぼちゃんと落ちては、笑いごとでは済まない。汗だくになって、アスファルト道路に戻った。

大宝山は多金属硫化物鉱山として、広東省大宝山鉱業有限公司（元広東省大宝山鉱）が１９６６年から採掘を開始した。もともとは旧冶金工業部に属する国有企業で84年に広東省管理に変わった。１９９５年の企業改革で有限公司になってからは、およそ４０００人の雇用を生む地元を代表する大企業となった。２００４年以降は韶関鋼鉄集団傘下に入り、08年に広晟資産経営有限公司傘下となった。褐鉄鉱、銅硫化鉄鉱のほか、タングステン、モリブデン、亜鉛、鉛などが採掘される広東の主要鉱山資源であり、華南の鉄鋼工業と非鉄金属の重要な原料基地である。鉄、銅はそろそろ採りつくしたといわれるが、今はモリブデンなどレアメタル鉱として期待されている。

この鉱山の廃水がおよそ40年にわたり、ふもとの上壩村はじめ周辺農村にカドミウム汚染をもたらし、近くの瀫江《おうこう》、北江《ほくこう》を通じて珠江《しゅこう》汚染の主要原因となったことは、２０００年代に入ると隠しようのない社会問題となった。上壩村を流れている「死の河」こと横石《おうせき》河は瀫江に流れ込み、滃江は北江に流れ込み、最後は珠江に流れ込む。

採掘方式はいわゆる露天掘りで、廃土をそのまま堆積地に放置していた。雨が降ると泥水とカドミウム、鉛、ヒ素と高濃度の硫酸を含む洗鉱廃水が直接、河に流れ込むのだった。

この洗鉱廃水の汚染問題に対し、もちろん企業側もまったく対策を採らなかったというわけではない。

2006年に、地元政府が上壩村の村民の飲用水問題を解決するために雨水を使った上水道を敷いた。大宝山鉱業も1341万元を投資して、上水ダムを作った。この時の上水道は露天であったので、雨が降ると濁って飲用できなくなるという問題が起きた。その後、この上水道3キロに蓋を付ける工事は日本の草の根無償資金協力60万元の資金を利用して行われている。当時の地元政府としては、外国人が「カドミウム汚染問題」に関わることを非常に嫌がったため、正式な申請書や報告書がないままで行われたのだと、地元メディアは報じている。その後、ドイツ・シーメンス社が「エコビレッジ」プログラムの一環として無償で浄水設備を設置。ただ上水設備を動かすために必要な1か月9元というわずかな電気代が上壩村の村民には非常に負担であり、それが払えず浄水設備が動かせないという状況に陥ることがあったとも。だが、とりあえず村民に安全な飲用水を確保するという目的は一応達せられた。

2007年から08年にかけては、欄泥壩を拡大、増設することで、洗鉱廃水の汚染濃度を下げる工夫が講じられた。また2011年に5000万元を投じて外排水処理施設を稼働させ、一応の排水基準はクリアされたと報道されている。2013年にもさらなる欄泥壩造成プロジェクトの公開入札が行われており、企業としては真剣に汚染廃水問題に取り組んでいる努力は見せている。2010年当時の報道ベースで言えば、大宝山鉱業は、累計1・1億元以上をかけて8つの欄泥壩、12の沈殿池や汚水処理施設を含む186項目以上の汚染対策プロジェクトを行ってきた。毎年4000万元以上をかけて植林など周辺の生態回復事業にも取り組んでいると発表している。また近年は廃水の中の滓からモリブデンなどレアメタルを取り出す設備を導入し、汚染処理過程をリサイクル生産に利用するようになり、廃水自体が毎年3000トン以上減少できたともいう。

40年間放置された代償

廃水問題はこの企業だけの責任というわけでもない。この鉱区には「民採」と呼ばれる農民による無認可のヤミ採掘も多く、こういったヤミ採掘の廃水が不法に流されたり、あるいは大宝山鉱業の沈殿池に勝手に流し込まれたりすることにより、当初の規格を上回る廃水処理を強いられて、結果的に廃水処理が間に合わない、という事態が引き起こされてきた。報道ベースでは大宝山鉱山区のヤミ採掘はピーク時で100鉱坑を超えたという。2012年3月段階で、30前後のヤミ鉱坑が見つかり、これらを取り締まり封鎖するために大宝山鉱業は8月までに

200万元の資金と2000人の人員を派遣したと、南方日報などが報じていた。

2013年7月11日の段階で、広東省人民代表常務委員会による調査チームが大宝山鉱区を訪れたとき、地元環境保護当局は「大宝山鉱山の廃水問題は基本的にコントロールできるようになった」と宣言している。

ただ、約40年間放置されてきた廃水問題によって土壌に蓄積された重金属汚染は簡単には修復できない。広東省土壌生態研究所や華南農業大学などの研究機関が2005年から、この地で土壌修復実験を行っている。耕作地に石灰、ケイ素系肥料などの土壌添加剤を加えつつ水分管理によって稲のカドミウム吸収の抑制を行う一方で、稲作期間以外の時期には重金属をよく吸収するアブラナやベチバーなどの植物を植えて土壌中のカドミウムを吸い上げる方法だ。これは日本に留学経験がある広東省土壌生態研究所の陳能場研究員が中心になって実施してきたのだが、2013年末に実験をいったん終了する予定という。その成果については、実験終了後の分析発表を待たねばならないが、地下水にまで浸み込んだカドミウム汚染を完全に除去できるのか、生態系が回復するまでに何年の時間、どのくらいの費用を要するのかについては、楽観的な予測は出ていない。

中国の報道ベースで一般に言われている仮説によれば、重金属の土壌汚染を修復するには軽度のものでも1畝当たり2万元の費用と3～5年の月日がかかる。自然回復を待てば、重金属は数十年以上土壌に残留し、鉛などは100年以上も残留すると言われている。国務院は環境保護部が制定した「全国土壌環境保護12次五か年計画（2011～15年）を採択し、重金属土壌汚染回復のために中央財政から300億元を拠出することを2012年に発表した。これを受けて中国国内環境保護企業の株価が上がり、欧米の土壌改良企業も市場食い込み競争に動いているのだが、実際は300億元程度では気休めにしかならないのだ。中国の深刻な重金属汚染地域548万ヘクタール（1ヘクタール＝15畝）のうちの急を要する汚染地域5％を修復するだけでも、少なくとも7000億元の投資が必要という試算もある（S＆Pコンサルティングサイト）。これらの費用は誰が背負うのだろうか。企業か、国家か。廃水垂れ流しを見逃すことで背負った重金属土壌汚染という「ツケ」は、今のところ誰にも返す覚悟も当てもない。

中国でイタイイタイ病は起きているのか？

気になるのは、中国にカドミウム汚染米によるイタイイタイ病患者はいるのだろうか、ということだ。

中国には公式にはイタイイタイ病（中国語で痛痛病）にあたる病の患者はいないとされている。ただ、自称痛痛病を主張する患者、痛痛病ではないか、という疑惑の報道は若干ある。

『アジアの土壌汚染』（畑明郎・田倉直彦編　世界思想社　2008年刊）の中に、2007年3月に上壩村を訪れた畑教授門下の研究者、馬燕氏が書いた調査リポートと、毎日新聞の田倉直彦記者が書いた新聞連載をもとにしたリポートが収録されていたが、その中で、イタイイタイ病疑似患者例として、1948年生まれの羅永菊《らえいきく》さんが紹介されていた。

彼女は1988年ごろから足、首、腰の関節部分に痛みを感じ始め、1997年に寝台から落ちて足首をくじいて以来、さらに痛みが激しくなってきたという。05年から足の付け根も痛みだし、水を飲むと関節が膨らんだという。06年から歩行ができなくなり、07年から自立できなくなった。97年に深圳の病院でレントゲンを撮り医師の診断を受けたが、リュウマチに似た関節症と診断されたという。広東省生態環境土壌研究所の万洪富教授ら3人の研究者が畑教授の招きで訪日した際、羅さんのレントゲン写真をイタイイタイ病研究で知られる萩野病院に持ち込み診断を依頼するも、レントゲン写真だけではわからないとの判断だった。中国の報道では羅さんについての記事は見当たらず、やはり今の段階でもイタイイタイ病という判断はされていないようだ。

このほかイタイイタイ病ではないか、という症例が出ているとささやかれているのは広西チワン族自治区の観光地・桂林からそう遠くない陽朔《ようさく》県興坪《こうへい》鎮思的村《してきむら》である。これは財経メディアが発行する「新世紀」誌（2011年2月14日）の特集で、思的村の84歳の老人、李文驤《りぶんじょう》氏ら50人の村民の症状がイタイイタイ病の初期の症状ではないかという疑いをもって紹介していた。中国では彼らは「軟脚病」患者と呼ばれている。

その記事の概要をまとめると次のようになる。

思的村の84歳の老人、李文驤氏は20年前からほとんど歩けなくなっていた。100メートルも歩くと足やふくらはぎが我慢できないほど痛む。医者は何の病か診断できず、李氏は自ら「軟脚病」と名付けた。1982年に退職して村に戻ってから、この村が生産する米を食べ続けて28年という。この地域は60年代からカドミウム汚染が深刻な地域で、1986年の実測データによれば、土壌に含まれるカドミウムは7・79ミリグラム/キロで国家許容基準の26倍。広西桂林工学院の林炳営教授の研究によれば、1986年当時、この村の生産する早稲のカドミウム含有量は国家許容基準値0・2ミリグラム/キロの3倍、晩稲は国家許容基準値の5倍以上の1・005ミリグラム/キロにのぼる。李氏は自分の奇病がカドミウム汚染米を食べ続けたことと関係があるのではと疑っている。

71歳の秦桂秀《しんけいしゅう》さんも「軟脚病」だ。この4、5年の間に彼女の足は力を失い、ちょっと歩くだけで痛んだ。腰もずっと痛いという。桂林の病院で診てもらったら、「骨質の硬化が起きている」と告げられた。病名はわからない。

こういった症状を50人前後が訴えているのだが、村の幹部たちは、「農民の腰や背中が痛むのはよくあることで、統計など意味はない」と汚染との関連をあえて考えようとしていないようだ。多くの学者は思的村の状況を知っていながら、公開の研究会や論文の中では村の名を具体的には挙げないようにしている。だが日本で60年代に発生したカドミウム汚染による公害病、イタイイタイ病の初期症状ではないか、と指摘する研究者は多い。この村では鶏の卵の殻が軟らかい、あるいは生まれた子牛の骨が軟らかい、といった現象も起きていた。また、80年代にはこの村に嫁ぐと、骨の軟らかい子供が生まれるという噂があり、周辺の村娘たちがこの村の男たちとの結婚を嫌がったともいう。

汚染源は村を流れる思的河上流15キロのところにある鉛・亜鉛鉱区だと言われている。大規模鉱山ではないが、50年代から操業する国営鉱山で、廃水処理はほとんどされていない。昔の統計によれば、この鉱山廃水のカドミウム含有量は農業灌漑水基準の194倍で、この鉱山廃水によって汚染されている土壌は5000畝以上と言われる。この鉛・亜鉛鉱山は現在、閉鎖されているが、陽朔県農業局の担当者によれば、この土地の重金属汚染はいまだ改善されていないという。……（以上引用）

私は、この村を直接取材した宮靖記者に連絡をとり、できれば現地の村民を紹介してもらいたいと考えた。この地域の治安は芳しくない。2013年4月16日には地元を通る高速鉄道建設に抵抗する村民集団が謎の黒服集団に鉄パイプで襲われるという暴力事件があったと伝わっていた。世界的観光地でありながら周辺には比較的排他的な山村が多いといわれ、いわゆる「泥棒村」（余りに貧しく被差別的な待遇を受けるために、出稼ぎに行っても窃盗を生業にするしかない村）が多いという話もあった。

財経メディアに勤めている知人に頼んで宮靖記者のメールアドレスを教えてもらい、環境問題に興味を持っており、ぜひ会って直接お話を伺えないか、という主旨のメールを送った。結果から言うと、返事はもらえず、7月の思的村入りは諦めて、機会を改めることにした。

だが、このほぼ同じ時期に、日本人フリーライターが週刊誌の仕事でこの村に入っていたことを後で知った。上海在住の西谷格氏である。電話で話すと、「アポなしの突撃取材で行ったら、村の中まで入り込めてしまいました」と、のほほんとした若い男性の声が返ってきた。ああこれは、取材の神様に愛されているタイプだな、と感じた。私も昔は取材の神に寵愛されていたほうなのだが、今回の汚染現場取材は失敗ばかりだ。宮靖記者が取材した軟脚病の李文驤氏と秦桂秀さんがすでに亡くなっていることを教えてもらった。その後、メールで撮影した村の写真やルポなども見せてもらったが、取材の手法も含めてびっくりするほど詳しく面白い。残念なのは、せっかく詳細なルポも週刊誌の記事には結局掲載されていないのだという。彼がすでに取材した思的村は、「取材荒れ」(上級政府に外国人が入村していると報告された直後は、村民に箝口令が敷かれるなど警戒が強化される)もしているだろうし、再び行ったとしても、おそらくは彼ほど語学力もない私には、これ以上の取材成果は期待できまい、と思う。それなら、彼の取材内容を拙著で紹介させてもらえないか。そう頼んだところ、「僕、本とか出すつもりありませんし」と、快諾していただいた。以下、西谷氏から寄稿いただいた原稿である。

思的村の痛痛病――フリーライター・西谷格氏の突撃取材

思的村までの道のりは遠かった。上海から広西チワン族自治区の都市・桂林まで飛行機で約3時間、それから最寄りの小都市・陽朔までバスで約2時間、さらに陽朔からマイクロバスに乗り換えて2時間ほど揺られていると、興坪鎮に到着する。興坪鎮から今度はタクシーで1時間ほどで、ようやく思的村に着く。途中の桂林で1泊したが、トータルで10時間以上の時間がかかった。

7月9日、桂林に入った。

桂林には日本人男性の経営する旅館「老寨山《ろうさいさん》旅館」があり、ここを拠点とした。こんな中国の僻地に住み着いて旅館（旅館というより民宿か）を経営している奇特な日本人がいることに驚いた。林克之さん（67歳）という白髪頭の男性で、30歳ほど歳の離れた若い中国人女性と結婚している。小学生の息子もいる。

林さんは日本のバックパッカーの先駆けで、1970年代にはすでにアジアやインド、チベットなどを放浪しては日本に帰って再就職を繰り返すという人生を送っていたという。十数年前にたまたまたどり着いた桂林で、「山道に道路を造ろう」と思い立ち、一人で黙々と作業し、道路を完成させた。その功績が地元政府の目に留まり、山の麓に今の旅館の前身となる食堂を与えられ、さらに嫁の候補まで探してもらい、名誉市民といった形で定住資格が与えられた。面白い人生を送っている人だけに、独特の雰囲気のある、人の良い初老のおっさんであった。地元の情報にも詳しいようである。

一緒に晩ご飯を食べたとき、それとなく「思的村の痛痛病って知ってます？」と聞いてみた。「ああ、イタイイタイ病のことやろ」と即座に返答した。1980年代ごろ大雨が降り、山の上の鉱山が土砂崩れを起こして汚染物質が川のふもとの村まで流出したという。

林さんの奥さんにも聞いてみた。「知っている。思的村のお年寄りは、骨が悪くて歩けない人が多いんだって。小さい子供でも歩けない子もいるらしい。村人たちは『痛痛病』って言って恐れている」

奇病の原因は近くの鉱山という。「今も稼働しているはず。労働者は毎日専用バスで送り迎えされていて、そのバスをよく見かける。年収20万元ももらっていて、旧正月にはボーナスとしてさらに20万元もらえるらしい。そんなに儲かっている鉱山を閉めるはずがない」と奥さんは証言する。さらに思的村については「あの村は小偸村（ドロボウ村）って言われていて、村の若者たちはみんな外に出てドロボウして稼いでいるらしい」とまことしやかに語った。林さんも「思的村では高速鉄道の線路建設が進んでいるけど、工事のせいで自宅の家にヒビが入ったという住民が建設業者に文句を言いにいったら、あとで暴力団風の男たち20人ぐらいに囲まれて、鉄パイプで殴られる事件があったらしい」などと言う。あまり治安の良い村ではなさそうだ。

思的村までの行き方を林さんに聞く。「そんなに遠くないから自転車で20~30分ぐらいで行けるよ。うちの貸してあげるから、行っておいで」。手書きの地図も書いてもらい、その地図を頼りに、途中で道を聞きながら行くことにした。

翌朝、思的村に向けて自転車をこぎ始めた。遥かかなたまで続く一本道の田舎道を炎天下の下、20分ほどこぎ続けると、徐々に坂が急になり、道はいつのまにか砂利道に変わっていた。岩などが張り出した猛烈な悪路のなか、さらに20分ほど自転車を押しながら歩いたが、帰りのことを考えたら不吉な予感がしてきた。とても20~30分なんかで着きそうにない。自転車で行くことは断念した。

いったん宿まで戻ってタクシーを探す。すぐに見つかった。片道50元、約45分で村に到着した。かなりのど田舎だ。

村というより、こぢんまりとした「集落」という感じで、商店と言えるものは、コーラやたばこ、スナック菓子などを売っている雑貨屋が2、3軒あるだけだ。食堂すらない。道路は一切舗装されておらず、坂道の多い地形で、家並みは雑然としていた。レンガを積んだだけの簡素な住宅が多いが、コンクリートでできた比較的立派な家もちらほらあった。

雑貨屋の入り口で7、8人の男女の村民が集まりポーカーのようなカードを使ったゲームをしていた。カードを見るとトランプではなく、漢字で書かれた中国風の札を使っている。思い切って話しかけてみた。

「痛痛病の老人はいませんか？」

村民の一人が「ハアッ？」と聞き返したので、

「骨が痛い老人はいませんか？」と繰り返し聞く。

痩せぎすの老婆が「私、骨が痛い」と言って手を挙げた。

赤茶けた顔面は深いしわが何筋も刻まれており、髪も白髪混じりでバサバサに乾燥している。腰も曲がっていて、見た感じ70歳以上に見えたが、年齢を聞くと60歳という。老婆というには少々申し訳ない。

「腰も脚も痛くて、特に左ひざはえぐられるように痛いよ。病院に行っても原因はまったくわからないから、痛み止めを飲んで我慢している」と彼女は顔をゆがめた。「2年前ぐらいから痛くてね。みんなリュウマチだっていうけど……」

「この辺で重金属汚染の話は聞きませんか？」と別の質問をしてみる。

彼女は「知らない。あんた、医者なの？　日本なら効く薬ない？　あったら送って」と訴えた。

「新世紀」誌に紹介されていた「軟脚病」の李文驤氏と秦桂秀さんを探そうと思い、カードゲームをしていた男たちに「李文驤と秦桂秀という人を知りませんか」と聞いた。

村民は口々に「2人とももう死んだよ」「李文驤の家族はもうこの村にいない。秦さんの4番目の息子はいるが」と答える。秦桂秀さんの四男の家を教えてもらった。

秦さんの四男の家は、中国の田舎によくあるような、簡素だがやたら天井が高い広々としたコンクリート製の家だった。四男はこんな話をしてくれた。

「秦桂秀は私の母です。昨年12月に86歳で亡くなりました」「亡くなる7、8年前から足や腰が痛い痛いと言って、農作業もできなくなりました。体調が悪化してからは介護なしでは歩行すら困難な状態でした」「こうやって、腕を支えてやっと歩ける状態でした」と、母親がそこにいるように、腕を抱きかかえるしぐさをした。「亡くなる前は、5、6時間日光浴をするほか、寝たきりでしたよ」

「汚染が原因と思いますか」と尋ねてみた。

「原因はわかりません。確かに村には鉱山があって、廃水に問題があったらしい。廃水は漓江《りこう》にまで流れていたといいます。でも、鉱山は3年ほど前に操業を停止しています。母の病と関係しているかは、わかりません」……

このあと新しい情報を仕入れようと、別の雑貨屋に行き、ペットボトル入りの茶を買いながら店員に話しかけた。28歳という青年の店員は気さくに答えてくれた。「骨の痛がっている人なら、村の外れに住んでいるよ。連れて行ってあげるよ」。

青年店員とともにその家を訪れた。あばら家といっていい粗末な家だ。中をのぞくと、土間のみで薄暗く、薪などが雑然と置かれていた。病人は、背もたれのない簡素で小さな椅子に背を曲げて座り、レンガを積んだだけの原始的な囲炉裏の火に薪をくべていた。囲炉裏には水を張った中華鍋がかかっており、茶碗が入っている。「茶碗を洗っているんだ」と病人は言った。洗剤を買う金がないのかもしれない。青年店員の紹介を受けて、「身体の調子はどうですか？」とおずおずと尋ねた。

思的村にて。痛みのせいか動きが緩慢で、どこか物憂げな李橋徳さん。（西谷格撮影）

病人は名を李橋徳と名乗った。56歳とい

う。60歳を過ぎた老人にしか見えない。

李さんはうつろな目で私をゆっくりと見上げ、右ひざや左手首などを触りながら「このあたりが痛いんだ」とつぶやいた。

「病気のことが知りたくて。どんなふうに痛いんですか？」

「10年以上前から身体中あちこち痛いよ。朝起きるときが特に辛くて、骨がズキズキと痛む。原因は鉱山の廃水だと思う。廃水が流れてきて、食べ物と一緒に体に入ったのかもしれない。それしか考えられない……病院で痛み止めの注射を打ってもらうと少しましになるんだ。でも1回40元もするから。……痛みをごまかしながら暮らしているよ」

「米が原因だと思いますか？」と、カドミウム米のことを考えながら質問を続ける。

「米は興平鎮の町で買ったものしか食べないよ。乗合タクシーで5元払って町に行くんだ。村で収穫した米を食べてもいいんだけどね……。基本的には町で買った米を食べている」

町で買う米は50斤（25キロ）で100元もするという。村で作った米は食べたくないのだな、と察した。だが、何度問い直しても、その気持ちをはっきり言葉にはしなかった。それが郷土愛からくるものなのか、口止めされているからなのかはわからないが。

李さんの骨は40代半ばから痛むようになった。酒やたばこをやめて若干症状は緩和したが、朝は痛みで起きることがあるという。「これからどうするつもりですか」と問うと「予定など何もない。ただ生きるだけ」と深いため息をついた。

絶望的な気分になるインタビューを終えて、再び村内を歩く。明らかに不自然な歩き方をする老婆に出くわした。ヒザをうまく曲げることができないらしく、ほんのわずかな下り坂をおりるのにもピョンピョンと軽く跳ねるような歩き方をしていた。片手に菜っ葉の束をつかんでいる。歩きにくそうだったので菜っ葉を持ってあげ、話しかけた。老婆は何か話したが、普通話（標準語）ではなかった。こちらの普通話も通じず、会話を断念した。不自然な歩き方が印象に残った。年は60代後半ぐらいだろうか。目に力がなく、痩せ気味で檜皮色に日焼けしていた。

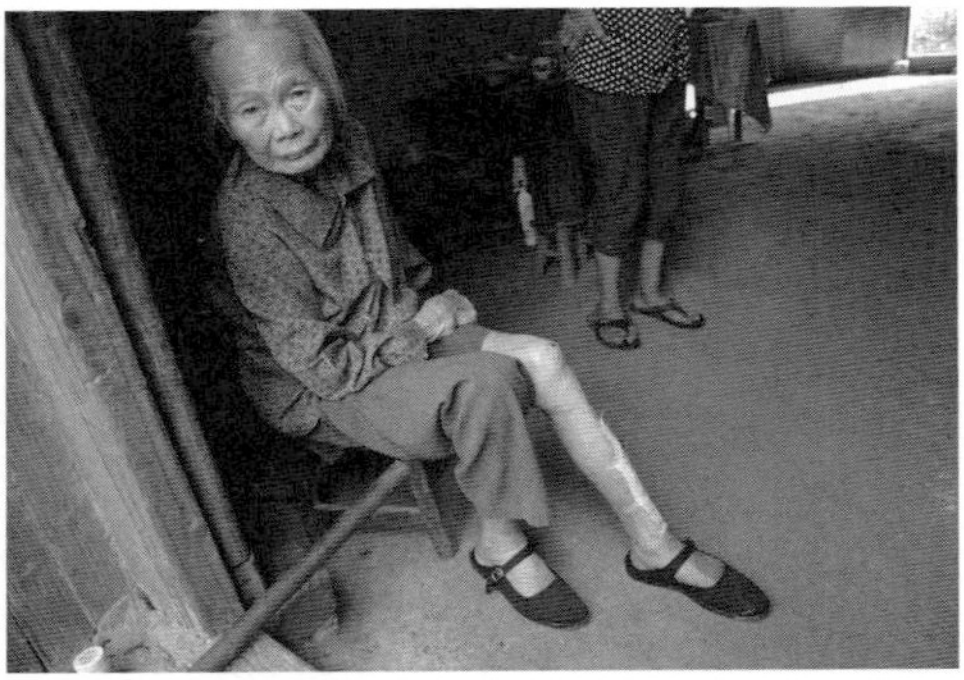

村で出会った老婆。脚の痛みを訴えるが、原因は不明で、市販の湿布薬を貼ってしのいでいる。（西谷格撮影）

村民に会うたびに、「脚の痛い人知りませんか？　軟脚病の人知りませんか？」と尋ねているうちに、中年の女性から「あんた、脚が痛いの？　なら診療所はあっち！」と診療所の場所を教えられた。なるほど、それは気づかなかった。村の診療所ならば、軟脚病患者に出会える確率は高い。

診療所はさほど混んでおらず、医師の手は空いていた。

60歳ぐらいの、頭の禿げあがったたれ目の気さくそうな雰囲気に、勢いでインタビューを申し込むと受け入れられた。以下、そのときのやり取りだ。
私「この村に骨が痛いという老人は多いのですか？」
医師「多いね。この辺りは特に。毎日のように診ているよ」
私「多いんですか」
医師「いや、普通だ。他の場所は知らないから何とも言えない」
私「骨が痛い人の病名は？」
医師「風湿病（リュウマチ）だ」
私「薬は何を出しているんですか」
医師「痛み止めを注射しているよ」
私「骨が痛くなる原因は何でしょう」
医師「この辺は鉱山があるから。水の汚染かもしれない。違うかもしれない。はっきりわからない」
ちょうど診療を終えたばかりの61歳の女性がそばで聞き耳を立てていたので質問を投げかけてみる。「どこが痛いんですか？」
女性は「左膝が2年くらい前から痛いの。村の鉱山が汚水を出していたから、そのせいじゃないかと思うけど、はっきりわからない。農薬のせいかもしれないし、高速鉄道建設による汚染のせいかもしれないし。農作業はできるけれど、もう重いものも持てないし、早く歩くこともできない」。

医師は最後にこう力なく言った。

「汚染と病気の関係はわからない。それは上級部門（＝政府）が調査して決めることだよ」

陽朔鉛鋅鉱有限公司の門。すでに廃鉱となっている。（西谷格撮影）

汚染原因鉱山は今

思的村の「骨が痛い病」は、鉱山の排水による汚染が原因と疑われているが、この鉱山は「すでに操業停止している」と住民たちは言う。だが、林さんの奥さんは「今も動いている」と断言していた。どちらが本当なのだろう。行って確かめるしかあるまい。

翌日、ワゴンタクシーで鉱山を目指した。片道200元で交渉成立。高いと思ったが、限界的な悪路をガタガタと1時間走る運転テクニックを見るに、リーズナブルな値段だろう。1時間ほどで山の頂上付近にある鉱山に到着した。ゲートに「陽朔鉛鋅《えんしん》（亜鉛）鉱有限公司」と看板がかかっている。受付の小屋は廃墟と化しており、人の気配もほとんどない。廃鉱になっているというのは、本当のようだ。

恐る恐る中へ進んで行くと、「派出所」と書かれた看板や、民家のような小屋があった。門はすべてカギがかけられており、やはり無人。さらに進むと、古めかしい団地のような建物が2棟見えた。ベランダに洋服が干されている。玄関前には鶏がコッコと声を上げながら歩いていた。住人がいるようだ。

近づいてみると入居している部屋は全体の2割程度か。入り口の前で一人の男が洗車していた。声をかけると「私はここに住んでいない、洗車をしに来ただけ」とそっけない。団地の窓に向かって下から声をかけてみた。「誰かいませんか?」。耳は澄ましたが、それに答える声はなかった。洗車の男は「大方昼寝でもしているんだろ」と言う。

団地の中に入ると、2階からロックミュージックのような音楽が聞こえてきた。それに誘われるように階段を上ってみる。男性が木の棒のようなものをカンナで削っていた。

「何をしているんですか?」

「ああ、鳥籠を作っているんだよ」

「それが仕事ですか?」

話を聞いてみると、鳥籠の男は鉱山会社の職員で、労務管理の仕事をしているという。

「鉱山は２００９年にカドミウム汚染が原因で閉鎖された。２０１０年に汚染を改善して再開したけど、採算が取れなくなって２０１１年に再び閉鎖したんだ」。今は仕事がないから、鳥籠を作っているのだろう。

鉱山を登ってみた。鉄鉱石のような黒っぽい石を積んだ場所があり、さらに進むとトロッコの線路と鉱山の入り口が見えた。ひんやりとした空気が心地よい。

人の気配はまったくなく、設備は老朽化していて荒れ果てている。廃鉱になってから完全に放置されているようだ。山を降りて再び入り口に戻ると、事務所の小屋に何やら紙が張ってあるのを発見した。「検験報告」と書かれており、鉱山で採掘された亜鉛について検査した結果のようだ。

廃鉱になった陽朔鉛鉾鉱有限公司の事務所に張ってあった検験報告。「80人以上の人々に災難をもたらす結果となった」と書いてあるが、カドミウム汚染のことだろうか。（西谷格撮影）

「当企業はごく一部の人間の虚栄心を満たすのみで、80人以上の人々に災難をもたらす結果となった。これは地震による災難よりひどいものであり、一生の教訓とすべきである」と書かれており、檄文のような激しい口調の言葉が並んでいる。やはりカドミウム汚染はあったのだ。

再び思的村に戻った。親切だった雑貨屋の青年を再度訪問し、取材の経過を話すと、「半月前に桂林の大学生たちのグループが調査に来ていたなあ」と教えてくれた。「なんて大学だったかな。村長が知っているはずだから、村長に聞いてみれば」と村長の家を指し示す。思い切って村長宅を訪問することにした。

村長の家は、意外なことにボロ屋であった。こんな村では村長の利権というのは知れているのか。扉が開いていたので声をかけた。40代前半ぐらいの太った中年男性が出てきた。えー、日本から来た者ですが、痛痛病について情報を集めていまして……。そう質問を始めるのを遮るように罵声が飛んだ。

「なんだお前、何の用だ!? 痛痛病なんて知らねえよ。だいたい年寄りになれば足腰が痛くなるのは当たり前だろ。この村だけじゃなく、どこだってそうだ」

いきなり高圧的な態度である。ちょっとひるんだが、質問を続けた。「鉱山汚染はあったのでしょうか」

「汚染なんて知らん。鉱山はとっくに閉鎖しているよ」

あまりに偉そうな態度と、家の貧しさのギャップが気になった。

「あなたは本当に村長なんですか？ 村長なのに、なんでこんな古びた家に住んでいるんですか？」と、質問を変えてみた。

「オレは貧乏村長なんだ、金がないんだ！」

会話は打ち切られ、ついに大学生の調査の話は聞けずじまいだった。

このあたりは2年前は全部田んぼだった。だが今は草も生えない。後ろ姿は木材加工所の男性。（西谷格撮影）

翌日、再再度、思的村に入ったときは、すでに村長が村中に指示を出したのか、若者も老人も何を話しかけても「何も知らない。あっち へ行け」と取り合ってくれなくなっていた。この村での取材続行は不可能になったと感じたので引き揚げることにした。

結局のところ、村で汚染があり、健康被害も出ていたことは間違いないとの確信は得た。だが、正式の調査機関による因果関係を示す調査を行っていないため、断定的なことは何も言えない。汚染を疑う声は多いながらも鋭く告発する人物には出会えなかった。憶測やうわさ話ばかりが先行し、真実は混沌とした闇のなかへ……。

村を離れる間際、最後にインタビューした木材加工所の男性（51）がこんな話をしてくれた。

「この辺は2年前ぐらいは全部、田んぼだったんだ。今はもう米を作らなくなった。かわりに野菜や果物を植えているが、野菜だって町で売ろうとしても誰も買わない。何を作っても全部汚染されていると思われているんだ。だから村内で自分たちで食べて消費するしかないんだ。みろよ、この土地を。最近は草も生えていない」

汚染を大っぴらに告発することもできず、病との因果関係もわからず、ただ汚染されているかもしれない農作物を黙々と自分で食べるしかない村民の苦渋に満ちた声だ。中国社会のメチャクチャぶりを感じた瞬間だった。(了)

カドミウム米はグローバルな災害

農村のカドミウム土壌汚染は、米などの農作物を通して、農村から遠く離れた都市民の食品安全問題に直結する。さらに言えば、それは日本を含む海外にも影響するやもしれない。中国からの輸入米に本来、中国で承認されていないはずの遺伝子組み換え米が混入していた例などが発覚していることを思えば、厳しい検疫体制をすりぬけて日本の市場に入ってくる可能性がゼロだとは言えない。もしこの2000万トンのカドミウム米を誰も食べずに廃棄したとしたら、中国国内でおよそ4000万人分の米が不足する。そうなれば、不足した米はどこから調達するのか。

より深刻な問題は、汚染米が自国に流入してうっかり食べてしまうかどうかよりも、汚染が原因で、中国が自国民のための食糧を十分に自給できなくなる日が来ることだろう。

汚染食糧を忌避し廃棄した結果、13億人口を抱える中国の胃袋が、国際穀物市場価格を揺さぶることもある将来をちらりと想像すると寒気がする。２０００万トンは世界一の米輸入量を誇る中国が年間に輸入する量（２２０万トン）の9倍以上なのだ。

中国の食品安全問題に詳しいジャーナリストで、『中国の危ない食品─中国食品安全現状調査』（草思社）などの著書がある周勍《しゅうけい》氏に、私はかつて「２０００万トンもあるカドミウム米は誰が食べているのか？」という質問をしたことがある。彼はこう答えていた。「カドミウム米の多くは、作った農民が食わされている。生産者より仲買人のほうが強者なのだ。僕はカドミウム米が２０００万トンという統計自体を疑っている。今の土壌汚染の深刻さからいえば、もっと多いんじゃないか。中国の統計は信用できないよ。これから、きっと米の値段が高くなる。高くなれば、全部廃棄することはありえない。中国の利益機構はあらゆるチャンスを無駄にすることはない。それでなくとも家畜飼料に使われる可能性は大きいし、加工品として輸出されることもあるだろう。どんな可能性もありうる。カドミウム米、これはグローバルな問題であり、悲しむべき地球的災害なんだ。日本だって例外なくその影響を受けるよ」。

中国のカドミウム汚染は世界の食糧事情に影響する問題だととらえるべきなのだ。

第四章

食品汚染
——農民のモラル

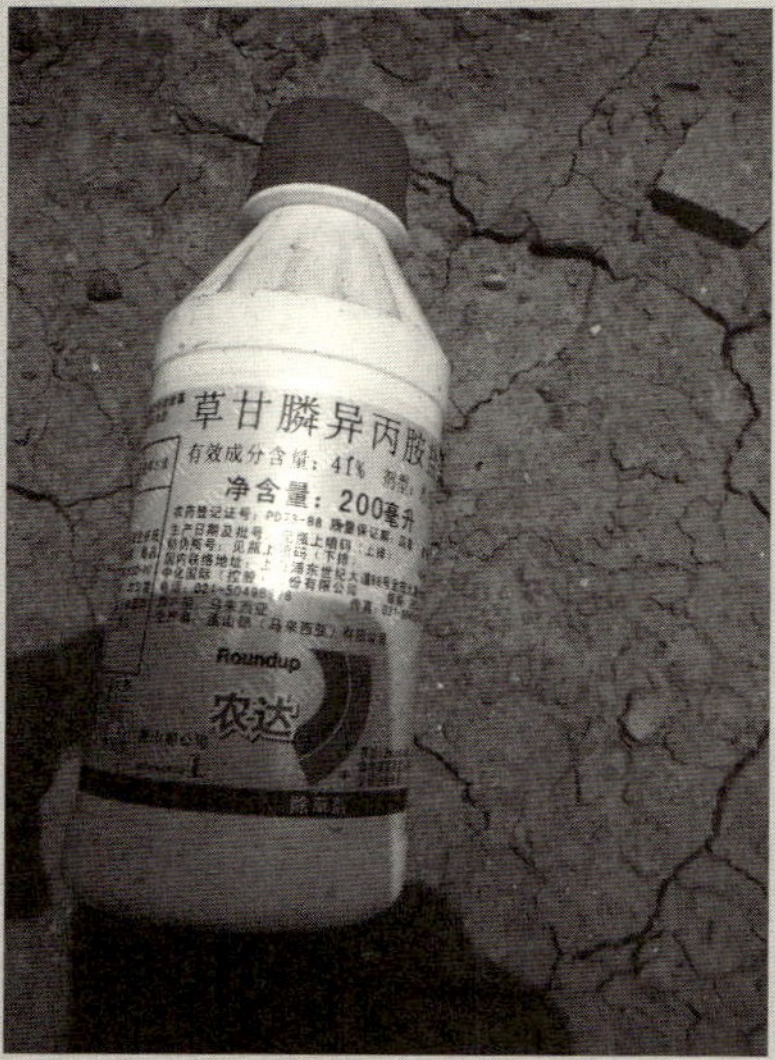

自分は食べない野菜を都市民に売る

中国の汚染というと環境汚染だけではない。前章で触れたように、環境汚染は土壌・地下水汚染を通じて食糧・農産物汚染も引き起こす。食品汚染というものも、中国の複雑な汚染を構成する要素だ。

2013年7月、江蘇省《こうそしょう》泰州《たいしゅう》市の農家を訪れたときのこと。トマト畑で、おやじさんが毛筆に何やら薬を浸して、小さい実のなる茎の部分をなぞっていた。それは「何の薬ですか?」と問うと「催紅素《さいこうそ》や」と答える。催紅素とは野菜類に使われる成長ホルモン剤で、トマトやスイカの実を赤く大きくする作用がある。薬品名はエセフォン。日本を含め世界中で使われている。特に人体に害があるというものではなく、専門家に言わせれば「エセフォンが毒と言うなら、塩も毒」というくらい安全らしい(口絵参照)。

「これを使わなんだら、つるになった実の7割しか大きくならん。3割は腐って落ちるんや。実が豆粒くらい小さいときにな、実のなる枝のところに、こんなふうに筆先でつけるんや。市場に出ているトマトでこれを使っていないものはない」。強い地元なまりでそう説明してくれた。スイカなどには注射を打つらしい。「わしが、この村で一番先にこの薬を使い始めたんや。すぐに周りの農家もまねするようになった」

「体に害はないんですか？」と問うと「ないない」という。

「では、自分で食べる野菜にも使いますか？」「いや、使わない」「どうして？」「自分で食べるのは形の悪い小さい実でいいから」「そんなに高い薬じゃないのだから、自分で食べる分にも塗布して、立派な実にすればいいじゃないですか」「催紅素は売る野菜にだけ使う」「要するに自分で食べる分には使いたくないんですね」「薬を使った野菜はまずい。食べたくない。これは薬を使っていないトマト。甘い甘い」。そう言って、小さいがよく熟れたトマトを私に差し出した。あとで工商局に務める娘婿の男性がこっそり耳うちした。「俺だって、成長ホルモン剤や農薬や化学肥料を使った野菜は食べたくないから、市場で野菜は買わないよ。農民の農薬や薬剤の使い方を見れば、食べたくなくなる」

繰り返すがエセフォン自体は世界的に使用されている成長ホルモン剤で安全とされる。だが、中国ではエセフォンは有害だと思っている人は農家にも消費者にも多い。エセフォンと児童性早熟症の例や発がん、アレルギーの発症を結びつけて報道する中国メディアもあった。専門家がすぐ「ありえないデマ」とコメントしていたが、その一方で偽エセフォン剤が摘発されたり、エセフォンを混ぜた石灰に青いマンゴーの実を一晩漬けて発色させたり、肥料に原薬を混ぜて使うなど本来の使い方とかけ離れた濫用例も報じられている。エセフォンが濫用されていると報道された海南島のバナナの値が大暴落（２０１１年4月）する事件もあった。

農家の現場を訪れて強く印象に残ったのは、自分は食べたくないといった薬品使用の野菜を都市部の消費者に売ることには躊躇も罪悪感もないということだった。これまでも農村を訪れるたびにしばしば実感してきたことだが、農産物の生産者である農民には、消費者である都市民に対する莫然とした敵意がある。

「痩肉精《そうにくせい》（塩酸クレンブテロール）」と呼ばれる、肉の赤味を増すための違法な豚の飼料添加剤を使用したことのあるという農家にかつて取材したことがある。塩酸クレンブテロールはぜんそくの治療薬などに使われる気管支拡張剤だが、過剰に摂取すると吐き気、めまい、震えなどの中毒症状が起きる。実際、痩肉精を与えた豚肉を食べて中毒を起こした例は後を絶たず、当時の大きな食の安全問題となっていた。この時、農家側は「都市民が病気になろうと関係ない。都市民は金を持っているので病院に行けばいいだけだ。私たちは普段から肉などろくに食べることもない」と、忌々しげに話していた。

中国には独特の戸籍制度がある。都市民には都市戸籍が与えられ、農民には農村戸籍が与えられる。特例の措置がなければ、農民の子は永遠に農村戸籍であり、原則生まれた村の土地に縛られ、出稼ぎで都市に行っても都市民が受ける特権はない。こうした戸籍に区別された都市民と農民の間には、単なる貧富の差というだけでない根深い対立があり、この対立のせいもあって、生産者である農民に、消費者の安全や満足を願うような「生産者モラル」が決定的に欠落しているのだろう。

農薬・化学肥料汚染の深刻さ

食品汚染の中で特に深刻なのは、農薬・化学肥料による農産物汚染だ。これは土壌汚染・地下水汚染とも関わりがある。中国科学院のリポートを引用すれば「世界全耕地の9％しかない中国の耕地で、世界が生産する化学肥料の32％に当たる５０００万トン以上を消費している。これは単位面積当たり世界平均の3倍以上」。この60年の間に化学肥料の使用量は１００倍以上に増え、この結果、土壌には肥料の70％が残留し汚染している。土壌に過剰に蓄積された硝酸塩、窒素、リン、あるいはカドミウム、鉛などは、農作物の味や質、収穫量を低下させるだけでなく、地下水も汚染し、発がん性など人体への悪影響が懸念される農産物汚染の原因となっている。

農薬も年間１４０万トン消費し、これは単位面積当たり先進国平均の2倍以上だ。特にひどいのが広東省で、農薬使用量は単位面積当たり先進国の５・75倍。広州市の白雲区や番禺区周辺の農地では１３４種類の残留農薬が検出されたと中国農業科学院が報告している。

よく問題になるのは「神農丹《しんのうたん》」（アルジカルブ）と呼ばれる農薬だ。これは50ミリグラムの摂取で体重50キロの大人が死亡する猛毒性があり、本来は薔薇などの観賞用植物に使うのだが、殺虫剤効果が高いので、違法であることを知りつつ農家は生食用野菜の栽培にも使用する。今年

5月に山東省で神農丹の違法使用が次々と発覚した。濰坊市の生姜農家で使われていたことが中国中央テレビの潜入取材で暴露され、新快報記者の潜入取材で蒼山県の農家でニラやニンニク栽培に大量に使われていることが報道された。

山東省は主に北京、広州、上海などの大都市向け高級野菜の生産地であり、また日本向け輸出野菜の生産基地もある。新快報記者の取材によれば、農家は、違法に猛毒の農薬を野菜に使用する理由としてこう語る。「神農丹を使うと5000キロの収穫があるが、使わないと1500キロも収穫できない。そりゃ使わないわけにいかないだろう」。「この農薬を使った野菜を食べて具合が悪くなったという話は聞かない。だいたい、ニラやニンニクはもともと腹をこわしやすい野菜なのだから（健康を害しても農薬のせいか、野菜本来の成分のせいかわからない）」。だが、地元病院で働くこの農家の息子は「親父の作った野菜は絶対食べない。親父が使っている猛毒の農薬の薬品名が書かれた瓶を見たら食べられるわけがない」と言う。

このほかオメトエート、カルボフラン、クロルジメホルム、ベンゾエピンといった毒性がきつく国家が使用を禁止あるいは制限しているような農薬が、実は無造作に使われている。農薬を売る小売店では一応、工商局の抜き打ち検査を心配して店頭には出していないが、農民が薬品名を言えば、たいていは奥から在庫を出してくれる。私自身が山東省や河北省の農村に行ったときに普通に見かける。もやしの水生栽培に違法な添加物を使った「毒もやし」もこの数年、摘発例が多い。添加物には発がん性が指摘されている亜硝酸塩や食用に添加が禁止されている合成抗菌剤エンロフロキサシンなどが含まれている。最近では山東省威海市の農村で22か所の栽培拠点で46トンの毒もやしが押収され、46人が違法添加剤によるヤミ栽培を行った容疑で逮捕された。今やもやしは、中国でもっとも安全でない野菜の一つに挙げられるようになった。

私は山東省莱陽市にある、日本輸出向けの農場や、アサヒビールが出資する中国都市向け高級農産物生産基地の朝日緑源農場を訪れたことがある。日系資本が入るこういった農場の品質管理の厳しさというのは、蟻の入り込む隙もない、と言ってもいいほどの厳密さだったが、やはり周辺の農民が使用するずさんな農薬や化学肥料が、風にのって飛んで来たりすることには神経をとがらせていた。朝日緑源が最初に莱陽市で農場を開くとき、耕作地のほとんどが化学肥料の使いすぎにより過剰に窒素が残留し、農作物を作れる状態ではなかった。麦類を何度も植えては廃棄し、時間をかけて耕作地の窒素量を調節し、ようやく商品用の農作物を植えることができた、という話を聞いた。

日本は2012年度、中国から生野菜54万トン、冷凍野菜40万トン、加工野菜30万トンなど合計で約150万トンの野菜を輸入している。それらに汚染野菜が紛れ込む可能性は低いはずだが、汚染の背景にあるのが、生産者である農民のモラルの問題だとしたら、品質管理の厳しさだけで完璧に防止できるものではないのかもしれない。

金と権力で自己防衛する人たち

偽装食品、とりわけ偽装食肉問題も深刻化している。2013年年初から6月19日までの間に全国で摘発された「問題食肉事件」は4500件以上にのぼった。典型的な例は、病死豚肉の横流しである。口蹄疫など伝染病の拡大を防ぐという観点からも、病死した豚は「無公害化処理施設」で処分することが義務付けられているが、農民と食肉業者と地元の役人が結託して、処理する予定の肉を安価で横流しし、これを普通の豚肉に偽装する。袋詰めにして冷凍するとまずわからない。このほか、猫やネズミ肉などを羊の脂や香辛料に漬け込んだ偽造羊肉事件も衝撃を与えた。北京でシシカバブを食べた広東省の旅行者が体中に血班ができたため病院で診察を受けたところ、殺鼠剤成分が血液中から検出された。シシカバブが殺鼠剤を食べて死んだネズミ肉の偽装羊肉だったのだ。

食肉の毒物汚染では、「毒犬肉」も問題になった。浙江省でシアン化合物の殺鼠剤で殺害した犬の肉を販売していた大規模な「犬肉販売集団」が摘発され、市場に出回る犬肉がシアン化合物で汚染されている可能性が出てきた。この販売集団は、わずか20日間に数百匹の飼い犬を殺害し、11トン分の犬肉を料理屋や惣菜屋に卸していた。犬肉は中国南方の食文化として根強い人気だが、養殖・流通ルートが確立していない。料理店や惣菜屋で売られる犬肉は、「犬泥棒」

から供給される場合が少なくない。北京の友人も犬を盗まれたことがある。犬の姿が消え、毒入りの餌が落ちていたという。こういった事件が頻繁に報道されるので、食の安全にこだわる人たちは目の前で生きたまま解体される「安全な犬肉」しか食べたがらない。かくて週末の北京市郊外の市場では、世にも恐ろしい生きたままの犬肉解体ショーが行われるのである。このほか養殖や畜産・酪農に使用される抗生物質などによる汚染、下水道に流れる油分を含んだ排水などをろ過し煮詰めて作り直したリサイクル食用油「下水道油」などの偽装により、安全でない汚染食品が市場に出回っている。

こういった食品汚染の実態が報じられるにつれ、情報収集能力があり、金も権力もあるような富裕層は、自ら防衛手段をいろいろと講じるようになった。

北京市海淀区の分譲マンションに暮らす35歳のセレブ妻は私にこう言った。「もう何年も前のことになるけれど、トマトを食べたら、急に気分が悪くなって激しい腹痛を起こしたことがあるの。そのとき、これは残留農薬だ、と思った。そのあとは、ものすごく野菜の洗い方に気を付けるようになった。野菜用の洗剤を使うのは当然。泡立った洗剤液に5分は漬けるわ。買う野菜はもちろんオーガニックのブランド野菜を買う。葉物野菜はベランダで作っているの。小さい子供がいるから、細心の注意を払っている」。このマンションだけでも、「安全な野菜を食べたい」という理由で家庭菜園をやっている家庭は10世帯以上はあった。

また複数世帯がお金を出し合って、近郊の農村の農地を借り上げてこだわりのオーガニック野菜を週末に作る、あるいは農民を雇って作らせる富裕層向け「特別供給（特供）農場」も増えている。「特供農場」というのは、もともと中国共産党が首長級の共産党幹部のために供給する農産物を作る生産基地の呼び名だ。オーガニックで安全な農産物を厳重管理のもとで生産する。副首相以上の指導者が食する北京郊外の「香山農場」などはその代表例であり、中国全耕作地の5分の1から6分の1の土壌が重金属に汚染されていると言われる時代では、特供農場の安全な農産物を優先的に食べられるのは共産党幹部・官僚の特権だ。

共産党幹部の愛人と囁かれる有名歌手のホームパーティに調理の手伝いに呼ばれた知人がこっそり耳打ちする。「用意された野菜、肉、海鮮はすべて日本からのお取り寄せだった。見たこともないような立派なアワビや松坂牛や本マグロが台所に所狭しと並んでいた。これが特権階級というものかと怖気づいた」

こんな金と権力がある人々にとっては、いかに食品汚染が深刻であろうが関係ないだろう。

食品汚染の最大の原因は、生産者側のモラルの問題であるが、このモラル劣化の最大の背景には不条理なまでの格差、農民への差別がある。環境汚染についても都市の環境を守り、国家の経済を支えるために、汚染源工場を農村に移転し、農民を低い賃金で搾取する構造がある。そんな社会で農民に、都市民の食の安全に対する責任感が育つわけがない。だが、金と権力があれば汚染食品から身を守ることができるので、結局は汚染食品の多くは貧困層の口に入るのである。環境汚染も食品汚染もモラルの問題が大きいとすれば、社会構造自体を改革しなければ解決も緩和も難しいという気がする。

第五章

雲南のクロム汚染

――公益環境訴訟の限界

公益訴訟弁護士との再会

2013年6月某日、中国で唯一可能な「公害訴訟」といわれる「環境公益訴訟」についての勉強会が都内であった。雲南省曲靖市陸良県小百戸鎮興隆村《りくりょうしょうばいここうりゅう》のクロム公害訴訟の弁護人の一人である曾祥斌《そしょうひん》弁護士が中国から参加し、その現状と課題について報告してくれた。この雲南省陸良クロム訴訟問題については、後ほど詳述するとして、この勉強会が終わったあと、曾弁護士や日本の専門家、研究者たちを囲んでの飲み会のときのことである。

「初めまして」と曾弁護士に名刺を渡したとき、曾弁護士は「前に会いましたよね、天津で」と笑顔を向けた。恥ずかしいことに、以前、曾弁護士とお会いしていたことを私はすっかり忘れていたのだった。

私は2007年7月、うだるような暑さの中、天津市北辰区の有名な汚染河・永定新河《えいていしんかわ》のほとりで、曾弁護士と会っていた。この地区は1998年ごろには日系企業も含め180以上の塗料、染料、農薬などの小規模工場が密集し汚染廃水を垂れ流すようになっていた。河の水は鮮血のように真っ赤となり、一部メディアでも深刻な河汚染として報道された。周辺の村はがん患者が急増しており、特に西堤頭鎮《さいていとう》と劉快荘《りゅうかいそう》（人口計1万3000人）には、約200人のがん患者が集中していた。当時、この地域のがん発生率は全国平均の25倍。いわゆる〝がん村〟である。工場排水から地下水に染み込んだ基準値以上のフェノール、ベンゼン、フッ素化合物などが原因だとささやかれていた。他のがん村と違うのは、この村では村民が原告となる「公害訴訟」を起こそうという動きがあった。それを支援しているのが、北京の公害訴訟支援NGO汚染被害者法律支援センター(CLAPV)。曾弁護士もそのNGOのボランティア弁護士だった。

CLAPVについて、少し説明すると、中国政法大学の王燦発教授を中心に1998年に北京で設立されたNGOだ。米フォード財団など海外からの資金援助も入り、法律家や法制研究者らほか300人前後の研究者、ボランティア弁護士がメンバーとして所属する。2011年までのデータでは200件以上の訴訟支援実績、延べ800人以上の弁護士への研修などを行ってきた。ただ、取り扱うのは経済損失賠償請求訴訟ばかりで、いわゆる〝がん村〟訴訟など、汚染による健康被害賠償訴訟はCLAPVにとっても困難な試みだった。

CLAPVは2001年の日本環境会議の席で知り合った日弁連公害対策環境保全委員会と交流を保っていたことから、協力を仰ぎ、日弁連代表団(団長・藤原猛爾弁護士、12人)が現場視察をかねて訪中した。日弁連代表団の訪中はこのとき4度目だった。

当時、産経新聞の北京特派員だった私はこれに同行し、記事は産経新聞に掲載されている。記事にはCLAPVの高尚濤弁護士のコメントをもっぱら引用していたが、確かに曾弁護士の朴訥とした誠実そうな顔には見覚えがあった。

天津の公害訴訟問題を振り返ると、村民は2001年ごろから工場の移転や賠償について国家環境保護総局（現環境保護部）に陳情していたが、逆に、騒乱罪容疑で2人の村民が拘留されてしまった。CLAPVが訴訟に持ち込もうとしたが、裁判所に訴状の受理を拒否された。鎮政府が〝マフィア〟を雇って原告に暴力を伴う圧力をかけ、高弁護士もマフィアらしき男から殴られそうになったり、身に危険を感じる脅迫にあったりしたことも1度や2度ではない、と証言していた。化学工業は同地区の主要税源。公害裁判は天津市の海浜新区開発に悪影響を及ぼしかねないという上層部の政治的判断が働いていると見られていた。当初100人いた原告は2007年の段階で11人までに減っていた。だが、原告の一人で、脳がんで妻を04年に亡くした周立明《しゅうりつめい》さん（当時37歳）は「20万元以上の借金をして3度も開頭手術をし、5年もの間つらい闘病生活をしたのに妻を救えなかった。もう失うものはない。最後の1人になっても闘う」と、強い決意を見せていた。

訴状は、被告7工場に対し、原告11人に対する計150万元の賠償請求と、工場の移転、地下水の浄化を求めている。どうすれば裁判所に受理してもらえるか、どう闘えば勝訴できるかについて、高弁護士は「水俣病やイタイイタイ病など多くの公害訴訟を経験してきた日本の弁護士からのアドバイスが欲しい」と語っていた。当時は五輪前で中国がこと国際社会の目を気にしていた時期だったので、私はかなりの成果を期待し、この視察を「日本からの力強い助っ人」とポジティブに報道したと思う。視察に参加していた日弁連公害対策環境保全委員会委員長で、西淀川大気汚染公害民事訴訟や大阪泉南地区アスベスト公害国家賠償訴訟の弁護経験を持つ村松昭夫弁護士も「日本の公害訴訟だって当初は政治的圧力を受けながらの一進一退の闘いだった。日本の経験がそのまま応用できるわけではないが、原告の支え方、支援者の探し方、まとめ方などわれわれの経験を伝えることで、中国の原告と弁護士たちのがんばりを支えていきたい」と頼もしいコメントをくれた。

だが結果から言えば、この天津市北辰区公害訴訟は受理されないまま終わった。2007年9月に西堤頭鎮汚水処理施設が正式稼働すると、地元メディアはこれをもって汚染問題の解決と大報道した。訴訟の話もがん患者やその家族たちのその後も、環境改善報道の中に埋もれてしまった。今はむしろ西堤頭鎮は環境問題に真面目に取り組んでいる地域という宣伝報道の方が多い。

クロム公害の原因はペットフード

曾祥斌弁護士との再会で、天津での取材を思い出した。あれから6年たったが、中国の公害訴訟の現状は依然厳しい。勉強会のテーマに取り上げられた「陸良クロム公害訴訟」も暗礁に乗り上げたまま、先の見えない状況に陥っていた。この公害訴訟は訴状が受理された段階で「画期的」と大きく報道されたにもかかわらず、中国の司法の限界を示す象徴的な例となった。

汚染の現場は雲南省曲靖市陸良県小百戸鎮興隆村。省都・昆明から車で2時間ほどのところに位置する農村だ。人口は約３５００人、９５０世帯（２０１１年統計）。かつて米どころとして有名な豊かな村だったが、今は通称「死亡村」と呼ばれる。毎年平均7〜8人ががんで死亡しているという理由で。村民が独自で調べたところでは２００９年は1年で17人ががんで亡くなっていた。一番幼いがん死亡者はわずか9歳だ。川の水は真っ黒で悪臭を放ち、山の樹木はほとんど枯死した。家畜の大量死も起きた。村民は自分たちの作った農産物を食べることが怖くなり、産地を偽装しなければ村の外に売ることもできなくなった。

原因は食品添加物「ビタミンK_3」の生産量世界第2位、シェア40%を占める雲南省陸良化工実業有限公司・陸良和平科技有限公司のダブルブランドの民営企業が排出するクロム残滓だ。ビタミンK_3とは、植物や海藻、魚類などに含まれ、骨代謝や血液凝固などに必須の天然ビタミンK_1、K_2の代替物として畜産・養殖資料、ペットフードなどに加えられる動物用食品添加物。このビタミンK_3の製造に2ーメチルナフタレンを重クロム酸水溶液で酸化させる工程があり、大量の六価クロムを含むクロム残滓が排出される。

企業は１９８９年の創業以来、少なくとも２００７年までは未処理のままクロム塩やビタミンK_3の製造過程で出るクロム残滓を河辺の堆積地に放置、あるいは周囲の山に不法投棄し、そこから染み出る発がん性物質のクロム酸カルシウムや猛毒の六価クロムが河や地下水を汚染し続けてきた。２００７年に年処理能力２トンのクロム無公害化処理施設を建設したものの、世界の畜産・養殖の高能率化・高密度化や空前のペットブームに伴いビタミンK_3の需要は鰻のぼりで、生産増により処理能力をはるかに超えるクロム残滓が排出され続けていた。

２０１１年までに麒麟区越州鎮山に不法投棄されたクロム残滓は５０００トンと言われているが、そのほか28万～30万トン以上が「埋められている」可能性も指摘されている。廃水が流れ込む容量30万立方メートルの貯水池のクロム含有量は基準値の２００倍以上になり、貯水池に生息していた魚は死に絶え、その水を飲んだ家畜が大量に死んだ。水質汚染は一番ひどい地域では基準値の２０００倍のクロムが検出されたという。

２００３年ごろから村の健康被害が顕著になってきた。村民は十分な教育を受けておらず、当初はこの急激な病人の増加の原因と企業との因果関係に誰も気づかなかった。また、医療水準も低く、ろくな治療も行われず、貧しい村民はがんのすさまじい痛みですら、「生きた虫を飲み込む」という民間療法で対処していた。

２０１１年８月20日の銭江日報が、村民の苦しみをこう報じている。

２０１１年２月に肺がんの診断を受けた王建有《おうけんゆう》氏（当時57歳）は、手術する金もなく、薬を買う金もない。医者に通い続けると7～8万元という貧しい農民家庭に払いきれない医療費がかかるのだ。王氏は仕方なしに地元で痛み止めに効くと言われる「臭虫」と呼ばれるカメムシのような甲虫を、薬代わりに毎日40匹から50匹飲み込んでいる。これらの虫は夜中に自分で山で採集してきたり、知人が持ってきてくれたりしたものだという。王氏の妻は虫をびっしりと入れた籠を見せながら、「全部生きたまま飲み込まないといけない。飲み始めたころは、口の中は虫のひっかき傷で血だらけになった。途中で気分が悪くなって吐き出すこともあった。虫を飲むと肺の痛みは治まったが、代わりに胃が痛むようになった」と言う。（その後の報道によれば、王氏は2011年10月に亡くなった）

　村で一番広い農地を耕す王春紅《おうしゅんこう》さんは、40畝のうち14畝が工場の敷地に隣接していた。以前は1畝400キロの米や粟が収穫できたが、今ではせいぜい100キロほどの収穫しかない。収穫した米は黒ずんでおり見るからに質が悪い。王さんは「昔は興隆村の米は一等品で、どこに売りに行っても高くで売れた。それが今では誰も買わない。こんなんじゃ、農作業するにも、気持ちがついていかないんだよ」と嘆く。工場が排出する黄色い刺激臭のする廃水の流れ込む灌漑水を使った田んぼで農作業をする。一度、不注意で手に傷を負ったまま、その水に触れてしまったら、猛烈にかゆくなり、潰瘍のようになって治らなくなった。余りの激しいかゆみに耐えられず、王さんはその傷の部分を歯でかみちぎったという。手には歯でえぐった傷跡が残る。

……

公益訴訟は唯一の手段

こういった状況は2007年ごろから顕著になってきたそうだ。興隆村のがん患者急増が陸良化工の排水などが原因の公害ではないかと疑われはじめ、村民らも1000回以上にわたる陳情を行った。

だが、衛生当局の調査では当初、がんと企業の因果関係は否定された。一方、このころから企業側は廃水処理などを行うようになったが、それ以前に廃棄した六価クロムなどを含む廃棄物に関しては素知らぬふりをした。

2008年に村民が企業のクロム残滓堆積池から染み出る黄色い汚水が川に流れ込む様子を写真に撮りメディアに提供したことから、徐々に問題は表面化した。2011年8月、企業前に集結した200人の村民の陳情に対して、企業側はついには100万元の見舞金を出した。だが、これまで廃棄したクロム残滓の処理については何の責任もとらない。まだ未処理のクロム残滓が14・84万トンも川のそばの堆積池に放置されたままになっている。

曾祥斌弁護士が、このクロム公害問題に気づいたのは2011年8月ごろ。ネットで陸良クロム汚染についての報道を見かけ、すぐさま、これは環境公益訴訟として提訴できる案件ではないかと思った。北京盈科武漢法律事務所に所属しながら、全国的な環境保護ＮＧＯ「自然之友」の武漢グループ組長でもある曾弁護士は、仲間の環境弁護士や環境学者らと連絡を取り合い、準備を進めたという。

ちょうどこのころ、２０１２年に民事訴訟法が改正され、条文に公益訴訟制度が正式に書き入れられるとの期待が高まっていた。この改正案では、公益社会団体に公益訴訟の提訴資格が明文化されると見られていた。数年前から試験的に各地で環境公益訴訟が受理され始め、全国で公益訴訟のプロセスを模索する動きが始まっていたが、まだ民間の草の根ＮＧＯが原告となって環境公益訴訟を提訴し受理された例はなかった。曾弁護士によると、２０１１年６月の雲南省司法当局の環境保護法廷に関する座談会紀要では、「環境保護を目的としたが公益性社会団体が環境公益訴訟の原告となることができる」との記述があり、メディアも盛んに報じる陸良クロム汚染問題で、草の根ＮＧＯ原告による環境公益訴訟が実現するのではないか、と思ったという。

公益訴訟とは、公害や人権侵害、消費者被害など公益性の高い問題について、直接の被害者ではなく、中立的な立場にある利害関係のない公的機関や公認の社会団体が原告となる訴訟である。特に期待されたのは、公害を告発し改善を目的とした環境公益訴訟だった。

中国では、企業が地元政府と癒着しているケースが圧倒的に多く、公害被害者が原告となって補償を求める一般的な公害裁判はこれまでほとんど裁判所に受理されてこなかった。中国の司法は共産党の指導下に置かれ、普通の市民が政府や党、あるいは政府と癒着した企業を相手取る裁判は事実上不可能なのだ。共産党幹部が汚職などの罪に問われるとき、まず司法ではなく、党の規律検査委員会が取り調べをして処分を決めてから司法に引き渡されるのは、司法が党規より下に置かれていることを示す顕著な例だ。だから政府部門の不正や行政の不条理を訴える方法は、裁判ではなく「陳情」という方式が一般的になっている。公益訴訟法は、民間が公害の責任を司法の場で問えるほぼ唯一の手段だった。

陸良クロム公害訴訟は、「自然之友」と民間NGO「重慶緑聯会（緑色ボランティア連合会）」が共同で原告となり、陸良化工実業有限公司・陸良和平科技有限公司2企業に対して、（1）クロム廃棄物による侵害の停止、（2）周辺環境への危害の排除、（3）1000万元の賠償――を求めて、曲靖市の中級人民法院に訴状を提出しようとした。これは草の根NGO原告による初の環境公益訴訟として、公益訴訟の一里塚的な意義があるはずだった。「1000万元の賠償金というのは、安すぎる、1億元でも足りないという意見もありましたが、法院が受理しやすい金額をまず設定し、立件することを優先した」と曾弁護士は言う。

妨害される弁護士たち

だがその後、提訴までにかなりの曲折があった。

勉強会で曾弁護士から聞いた話では、NGOだけの原告では裁判所としては受理できないかもしれない、たとえ受理されても必ず敗訴するという指摘を受け、裁判所側から靖曲市環境保護局を原告に加えるように提案された。仮にこの裁判で賠償金を得られても、公害被害者も原告NGOも受け取る権利はなく、基金を設立して、市の環境保護局が管理する形しかないので、環境保護局が原告に加わらねばならない、という理屈だ。

これはNGO、弁護士としては悩ましいところだったろう。環境保護局はつまり政府・当局側の役所であり、政府側が被告企業と利益供与関係にあるのだから、いわば被告サイドの立場にある。つまり被告の味方が原告になるのだから、被告に厳しい判決を求めることができにくくなる。言い方は悪いが身内同士の裁判ショーにすぎなくなる可能性が高い。だが、それでも訴訟を受理されないよりはましだ。受理されれば少なくとも、公害の事実が誰に妨害されることもなく中央メディアに報道され、世論の関心を呼べる。また、評価鑑定などの費用を負担してもらえるし、企業側の資料も手に入りやすくなる。結局、曾弁護士らも納得した上で市環境保護局を共同原告に迎えて9月に訴状を提出した。

この訴状を提出したとき、ちょっとした事件が起きる。民間NGOが環境公益訴訟を起こすことの困難さを示す例なので説明しておこう。

曾弁護士と北京の楊洋弁護士、そして曾弁護士の友人は9月20日、靖曲市中級人民法院に訴状を提出したのち、被告企業である陸良化工側に連絡を入れ、訴状を提出した旨を伝え、湯再《とうさい》楊《よう》社長に面会を申し入れた。訴訟を前に、一度直接会って意見交換をしたい、と。湯社長はやや迷ったのち、陸良県城で会おうと同意した。だが、指定時間に社長は現れなかった。再び電話すると、「会社の上役と急に会わねばならなくなったもので」と言い訳し、翌日午前に面会時間を延ばされた。だが翌日午前も、やはり社長は現れず、また電話すると、「急に会議に出席せねばならなくなった。午後3時に会おう」と言う。呆れ果てて、返す言葉がなかった。

そこで、曾弁護士らはクロム残滓堆積場を先に視察しておこうと直接現地に向かった。堆積場の入り口では多くの警備員がガードしている。曾弁護士らが入り口に近づくと、警備員の制服を着ていない横柄な感じの男が近づいてきて、詰問した。「お前らどこのメディアだ。県宣伝部の許可を受けているのか？　写真を撮ってはだめだ。すぐ立ち去れ！」。

曾弁護士は「あなたこそ誰ですか。なぜ宣伝部の許可がいるのか？　私たちは弁護士だ。さっき、湯社長とも連絡をしたばかりで、彼との面会も取り付けてある。その前に現場を見に来ただけだ」と言い返した。「この道路は公道でしょう？　あなたたち工場のものじゃない！」

その後、彼らを放っておいて、曾弁護士一行は河辺に向かった。クロム残滓堆積場から500メートル離れた場所である。河の写真を何枚か資料として撮影した。車に戻って発進しようとしたとき、黒塗りのホンダ車が行く手を阻むように走りこんできた。先ほどの詰問した男がホンダ車から降りてきた。そして車の助手席に乗っていた曾弁護士の友人を引きずりだすと、「写真撮影は許さん！」と恫喝しながら、カメラやレコーダーやUSBをひったくった。曾弁護士は弁護士証を見せながら、「君たちの行為は違法だ！　湯社長にも連絡をとっている」と抵抗。男も少しはまずいと思ったのか、携帯電話で湯社長と連絡をとった。だが湯社長は曾弁護士など知らない、と答えたのだった。男はさらに警察に電話し「クロム残滓を盗みに来た泥棒を捕まえた」と言う。完全な誣告《ぶこく》である。これには曾弁護士も頭にきて陸良県公安警察に電話し「強盗にあってカメラなどを奪われた」と訴えた。

やがてパトカーが来て事情聴取された。さらに派出所に行って聴取が続いた。派出所のトップがやってきて、ようやくカメラや録音機を返却してもらえた。

こういったトラブルを経験した上で、10月に訴状は正式に受理された。

この時、曾弁護士との面会を逃げ回っていた湯社長はこの後に逮捕、立件され、12月下旬、環境汚染罪で懲役3年（執行猶予3年）罰金3万元の判決を受けた。ほかに陸良化工の副社長、クロム残滓無公害化処理を請け負いながら地元山中の不法投棄に加担した貴州省の三力公司の副総経理および地元農民や陸良化工の従業員ら計7人に対し、それぞれ懲役3年から4年の実刑と3万元から4万元の罰金の判決が下されている。

クロム残滓の不法投棄については、責任者・実行犯とも実刑と罰金の判決を受けたが、長年の未処理排水やクロム残滓の放置による水質汚染問題の責任とその賠償を問うのは環境公益訴訟である。この訴訟がようやく受理され、いよいよ裁判が始まる段階となったとき、またもや問題が起きた。原告でもある環境保護局は、係争中であるにもかかわらず、一時停止となっていた企業の操業の再開に同意したのだ。

2011年に国家発展改革委から陸良化工に対し、補助金8000万元が下り、クロム無害化処理施設が建設されることになったから、というのが理由だ。12年に稼働開始予定のこの新処理施設は年間6万トンのクロム残滓を無害化できる。陸良化工が2007年に作った処理能力2万トンの施設と合わせれば8万トンのクロム残滓が無害化できる。普通に考えれば、河端の堆積地にはまだ14万トン以上のクロム残滓が放置されているのだから、そちらの処理を行い、裁判に決着がついてから操業を再開するのが当然だろう。だが、市としては最大の法人税収入のために、企業の操業再開を急がせた。市の機関である環境保護局としてはこれを認めざるを得ない。11年9月、村民たちがこの判断に怒り、操業再開を阻止をしようと工場に押しかけた。警備員は村民たちを殴り負傷者が出た。

原告でありながら環境保護当局は、市と企業の関係を無視するわけにはいかず、訴訟は裁判所（法院）主導で和解調停を目指す方向になった。曾弁護士らは敗訴を覚悟で争うか、調停で妥協するか迷ったという。敗訴して上訴するという選択肢はもちろんある。結局、勝ち目のない訴訟で徒労無益に終わるより、少しでもこちらの立場の主張を盛り込める和解調停に同意した。

ところが2013年4月18日、被告企業側はいったん合意に至った調停書を突然破棄し、法廷で徹底的に争う構えを見せた。被告企業側としては汚染の責任は企業が一方的に負うものではないという主張を崩さないということだろう。地元の経済発展要求に応えたのだという大企業はあくまで強気だった。曾弁護士は「賠償額などはともかく、企業が損害に対して賠償負担し、公害の責任の所在をはっきりさせることを目標とするという方針だけはぶれずに、問題解決を急がないでやっていきたい」と話していた。このまま法廷闘争が続くのか、企業側により有利な調停に向かうのか行く先は不明だ。

環境保護法によって公益訴訟が後退するかも？

そして、ここにきて、もう一つの懸念が浮上している。2013年末にも改定される「環境保護法修正案（第3次草案）」（10月末）の内容である。この修正案では、環境公益訴訟の原告となる公益社会団体について「環境汚染、生態破壊、社会の公共利益の損害行為に対して、法に基づき国の民生部門に登記され専従の環境保護公益活動を5年以上行い信用と名誉のある良好な全国的社会組織」という規定が書き込まれた。これは第2次草案では「政府系NGO中華環境保護聯合会およびその下部組織の省レベルの環境保護聯合会だけに限る」とあったのを、CLAPVはじめNGOや世論が批判の声を上げ、修正されたのだが、それでも草の根NGOにとって環境公益訴訟の原告となることが、極めて困難であることは変わりがない。深刻化する公害状況を被害者に代わって告発することのできるほぼ唯一の方法である公益訴訟は、今でも「司法ショー」にすぎないと公益訴訟に携わる弁護士自身が自嘲気味に語るが、ここからさらに民間組織を締め出そうとする傾向が強まっている。NGOや専門家から「司法の後退だ」という声が出ている。

6月の勉強会で、中国の環境公益訴訟をテーマに研究している神戸市外国語大学中国学科の櫻井次郎准教授が公益訴訟の背景について、北京大学講師による暫定的統計を引用して説明したところによると、中国では2013年2月現在、提訴された環境公益訴訟は35件。うち検察が原告となったケースは16件、環境保護当局など行政機関が原告となったのは5件、社会団体が6件、個人が6件、検察と行政機関の共同原告が1件、行政機関と社会団体の共同原告が陸良クロム公害訴訟の1件となっている。被告が汚染企業なのは27件で、そのほかが行政機関などである。

顕著なのは検察や行政機関が原告の場合で、すべてが原告勝訴または調停成立となっている。

一方、被告が行政機関の場合、原告勝訴はゼロである。原告が個人の場合は棚ざらし3件、却下2件、勝訴1件。また社会団体が原告で勝訴になった例は3件だが、この社会団体とは政府系NGO中華環境保護聯合会だ。

つまり現段階ですら、公益訴訟は決して公害を起こした企業や、その企業を誘致し汚染拡大を見逃してきた行政機関の責任を問うものになっていない。むしろ当局側（行政機関、検察機関、政府系NGO）が、これほど公害克服のために頑張っていますよ、と中央政府にアピールするパフォーマンスにすぎないと言える。

私はこの勉強会のとき、思わず「公害被害者は救済されないのか。そんな公益訴訟に何の意味があるのか。汚染企業が公害被害者を救済するための高額な賠償金を支払わされ、強烈な社会的制裁を受けない限り公害などなくならないのではないか」と少々詰問調で質問したのだが、曾弁護士はこのとき、苦笑いしながら「公益訴訟で公害を克服することは不可能です」と答えた。櫻井教授は「公害被害者が置かれている閉塞状態を考えれば、何でも試してみる価値はある。そのような手段の一つ」と補足したが、要するにやらないよりはマシというレベルのことではないだろうか。

中国の環境問題について、日本も1960年代、70年代に通ってきた道である、と言う人もいる。だが、日本が公害問題をおおむね克服できたのは、公害被害者が原告となった公害訴訟によって企業や行政の責任を問えたことが大きい。決して楽な道ではないにしろ、その道があったからこそ、公害被害者を支える良心的学者や弁護士が登場し、市民団体やＮＧＯらによる公民運動が広がった。日本の弁護士たちには、公害訴訟を戦うノウハウの蓄積がある。だが、政治と法のシステムがあまりに違いすぎて、日本のこういった経験は、中国の公害問題解決にほとんど役立たない。

これが中国の公害訴訟の現状だ。そして未来はなお暗い。

陸良クロム汚染に国際社会は無関係ではない

陸良クロム汚染の問題は、遠く日本から離れた雲南の農村で起きた事件だった。この村の汚染の直接の原因は地元企業のモラルと中国司法の不平等であろう。では、日本がまったく関係なく、よその国の出来事だと、無関心でいてよいのだろうか。これまでも中国の汚染問題の背景には必ずといってよいほどグローバル経済の問題が潜んでいることに気づかされてきたが、今回の汚染企業・陸良化工も、国際市場の需要拡大に従い急成長してきた企業であることは忘れてはならないだろう。

汚染企業の陸良化工が生産しているビタミンK_3は、世界中のほとんどの家畜飼料やペットフードに、栄養添加物として含まれている。目的は「ペットや家畜の健康のため」だ。世界の肉食人口が急増するにつれ、家畜・養殖の現場が高密度化、高能率化されていくと、ストレスのために家畜の健康が損なわれる。このため添加剤も増える。だがこのビタミンK_3は、日本では過剰摂取が人体に有害であると判断されて人間用食品には添加が禁止されている。なので、本当にビタミンK_3の添加が家畜やペットの健康に必須であるかは疑問視している獣医もいるという。ペットの健康に特に気を使う飼い主の中はビタミンK_3無添加のペットフードをわざわざ選ぶ人もいるという。だがそういうペットフードは値段が高い。原料を安価に抑えたペットフードだから、人工ビタミン添加物が必要になるのだ。

空前のペットブームと家畜・養殖の高密度化で、市場は安価な飼料を求め、その結果、安価な添加剤の需要が急増した。陸良化工・和平科技が2010年に輸出したビタミンK_3の輸出総額は746・7万米ドル。オランダやドイツ、フランスの5大飼料企業が長期契約で一手に買い取り、それは日本を含む40か国以上の国・地域に販売している。欧州市場が54・2%、米国市場が27・1%。日本人が使っている飼料・ペットフードに含まれているビタミンK_3は、元をたどれば雲南陸良製である確率は非常に高い。

最も簡単に安価にビタミンK_3を製造する方法は、クロム残滓が大量に出る。グローバル経済の中で、その汚染を生みやすい製造基地の役割を中国の貧しい農村に負わせたのは市場だと言える。

6月の勉強会で、京都大学の知足章宏研究員が陸良クロム汚染の問題をグローバル経済の観点からこう解説していた。

――酸化剤、メッキ、触媒、写真、顔料、染料、皮なめしなどに使用されるクロム塩や、ビタミンK_3の生産基地は、クロム残滓による汚染の処理コストが高いなどの理由から、先進国は生産を縮小し、中国などが生産の大半を担うようになった。さらに汚染企業は東部地域から内陸の貧しい地域に向かう。それは「世界の工場」中国の貧困農村にグローバル経済の構造の中で「汚れた工程」が集中するということだ。生産地で甚大な社会的費用を蓄積させる汚染企業による製品の消費地は日本など先進国だ。だが、先進国の人々は何ら責任を負わず、その事実すら知ることなく、汚染は国・地域の問題としてのみ処理される。

はたして、それでよいのか。知足氏は言う。「この問題を改善していくためには、サプライチェーンの透明化、企業の社会的責任範囲の拡大、費用負担の再考など、構造的課題に目を向けることが必要だ」

それには、末端の消費者の私たちが中国の汚染問題をよその国の出来事と思わず、その実態を知り、商品を買うときにただ安易に安価なものを追うのではなく、環境コストが含まれたものを選ぶという意識も必要になってくると思うのだ。

第六章 北京を襲う大気汚染

――PM2・5の脅威

共産党員も逃げ出したいＰＭ２・５

２０１２年暮れから２０１３年1月は北京を拠点に地方を旅行していた。私は年越しを北京の友人宅で迎えることが多い。このとき、この冬の大気汚染は尋常でない、と感じていた。まず臭いがある。生臭いような排ガスのような臭い。そして鼻の粘膜に何か張り付くような不快な感触。２００２年から２００８年まで北京に駐在しており、北京の空気の質の悪さにはある程度耐性ができていたはずの私でも、２０１３年1月の北京滞在後、気管支炎を患ってしまった。帰国してから、その1月、北京を中心とした華北が、新中国成立後最悪の記録的な大気汚染に見舞われていたことを知った。

ひと月のうち5日間を除く26日間スモッグが発生し続けていた。1月12日は北京各地の観測点でＰＭ２・５（直径が2・5㎛以下の超微粒子、大気汚染の指標の一つ）の観測値が７００㎍／㎥を超えた。日本大使館が公表したグラフを見れば９００㎍／㎥を超えた瞬間もある。これは日本や米国の環境基準（35㎍／㎥）の20倍、中国の環境基準（75㎍／㎥）の10倍以上だ。

この日以降、呼吸器疾患患者が例年より4割ほど増えたことや、90年代に公害病とささやかれた呼吸器疾患「北京咳」が再発したことなどが報じられた。地元の記者に聞けば、北京の小児病院の受付では、咳が止まらない子供を連れた母親が長蛇の列をつくっていたとか。「北京児童病院」では1日1万人前後を診察するが、その30％が呼吸器疾患だとか、家電量販店で空気清浄器が売り切れであるとか、そんな話ばかりである。

北京に暮らす富裕層の友人たちは、私にこの汚い空気から脱出したいと訴えた。ある政府系の女性退職研究者が私にこっそり尋ねる。「あなた、1か月ほど日本に長期ビザを出してもらえる方法を知らない？　空気のきれいな日本でしばらく過ごしたいの。お金はあるのよ。金銭的には迷惑かけないから。ただ、もう北京のこの空気の悪さにうんざりなの」。

中央政府も北京市当局もこの大気汚染には危機感をもったらしい。2013年の春節除夕（旧正月の大みそか）2月9日は、新年を迎える爆竹花火の自粛が通達され、北京で打ち上げられた花火は昨年より4割減ったそうだ。

この大気汚染の最大の原因として指摘されていたのは気象条件だった。2013年1月の特殊な気象条件については中国科学院が1月31日の段階で発表している。要約すると、ユーラシア大陸の大気還流が異常で、中国の北京・天津・河北省あたりに風のない静穏な天気が出現した。北京・河北省が中心となる形で周囲の気圧が等しくなり、大気が水平方向に流れなくなった。普段の対流境界層は2、3キロの厚みがあり、これが対流風を形成する。しかし静穏天気のもとでは、この対流境界層はわずか200～300メートル。上下の空気の流動も起こらず、PM2・5が北京・天津・河北省に沈殿する形となり、未曽有のスモッグを発生させた、という。

この冬、中国中東部は異常寒波に襲われていた。

だが3月に再び北京に行ったとき、大気汚染はまた悪化していた。CBD（中央商務区）にそびえる北京最高の国貿3基ビルのてっぺんがスモッグにかすんでその形すら見えない日が続いたかと思うと、3月18日には急に雪が降り出した。しかもその雪が茶色い。髪や服が汚れるのが嫌でタクシーに乗り込むと、タクシーのフロントガラスに当たる雪が解けて泥の染みになった。

北京の春先は元々、ゴビ砂漠あたりから黄砂が吹き込みエアロゾル大気に覆われる。この茶色の雪は空中の黄砂を含んで地上に落ちてきたものだと、公式には説明された。

例年3月から4月にかけて北京の大気の質は悪化するものだが、2013年はやはり尋常ではない。これが決定的に印象付けられたのは9月、10月の大気汚染のひどさである。本来、9月から10月は「北京秋天」と呼ばれるほど一年で最も空気が澄み、空が高く天気の安定している季節であり、野外活動や旅行のシーズンである。だが2013年9月29日、中国気象当局は「煙霧黄色警報」を発令した。北京上空のPM2・5は250μg／㎥を超え、中国の6段階指数の最悪となった。スモッグは30日も続き、空は白くかすんでいた。このとき、北京在住の友人に電話をかけると「本当ならゴールデンウィーク（10月1日の国慶節から1週間の長期休暇）前で、北京市内を走る公用車や貨物車も減っている今の時期に、こんなひどい大気汚染は経験したことがない」と訴えていた。9月のスモッグ発生日は例年平均3・6日だが、2013年は14日間と平均の4倍を記録していた。さらに10月もPM2・5濃度が改善されることはなかった。秋のゴールデンウィーク中の10月6日、北京南部の豊台区のPM2・5濃度は434㎍/㎥に針が振れた。10月18日に北京でライブコンサートを予定していたグラミー賞受賞の米国人ジャズ歌手、パティ・オースティンが北京国際空港に到着後、ぜんそく発作に襲われて、ライブ自体がキャンセルされたことも、衝撃的に報じられた。初めてこの街に訪れる外国人にしてみれば、すでに命の危険を感じるレベルの大気汚染に至っていたのだ。もっとも、こういう大気の下でも10月20日に催された北京マラソンでは3万人が出場しているのだから、耐性というか馴れというか呼吸器の強さにはかなりの個人差がある。

大気汚染は北京だけの問題ではない。2013年10月20〜21日は黒竜江省ハルビン市でPM2・5濃度1000㎍/㎥を記録し、「10メートル先の人の顔が判別できない」「犬の散歩にいったらリードの先の犬の姿が見えない」「手を伸ばしたら五本の指が判別できない」といったジョークが出るような視界の悪さだったという。10月の全国31か省・自治区・直轄市の平均スモッグ日は4・7日で、過去52年以来の最悪を記録した。

明らかに単なる一時的な異常気象が原因だとするには不自然なほどの大気汚染が、全国規模で去年から今年にかけて始まった。かつて日本の環境政策に参与したことがある清華大学・野村総研中国研究センターの松野豊副センター長は2007年から北京に駐在しているが、20

13年の大気汚染について「汚染物量が閾値を超えた、リミッターが吹っ飛んだ感じがする」と評した。

環境に敏感な北京の日本人駐在員は、妻子を日本に帰し始めた。新しく来る駐在員も、単身赴任が多い。「最初は連れてくるつもりだったんだけど、まだ子供が小さいんで。こんな大気では外で遊ぶのも心配でしょう?」と、とある弁護士事務所の新任駐在員は言った。知り合いの不動産仲介業者が「日本人駐在員家庭向けのアパートメントの空きが埋まらない」と悲鳴を上げていた。

原因は特定できず

しかし、なぜ、北京でかくも大気汚染がひどくなったのか。北京は国の首都であり、2008年の北京五輪開催のために、国が全力を挙げて大気汚染問題解決努力をしてきた地域である。北京というのはそもそも埃っぽい街である。春にはゴビ砂漠や黄土高原方面から吹き込む黄砂が降り注ぐことは有名で、私も2005年4月17日の朝、一夜にして数十万トンもの砂が降り、街全体が黄色に染まったSF映画のような光景を目の当たりにして度胆を抜かれたことがある。もともと降水量が少ない乾いた土地であり、周辺の河北省あたりの砂漠化も進んでいた。1999年に初めて北京を訪れたとき、空は晴天でも白っぽくかすんでいることが多かった。もちろん、重慶や西安など他の都市にもっと大気汚染のひどい地域がたくさんある。北京の大気汚染度は連日のスモッグが大ニュースとなった２０１３年１月、過去最悪の大気汚染に見舞われたときでも、全国74都市中、９位だった。ワースト１は邢台《けいだい》（河北省南部の工場地帯）だ。

だが北京に関していえば、そのひどい空気が２００８年、びっくりするほど清浄になった時期があった。五輪を開催するにあたって、国際社会が北京の大気汚染問題について強い懸念を示したことから、北京市も本腰で空気清浄化作戦を展開したのだった。

市内にあった首都鉄鋼集団（首鋼）の主な工場は河北省唐山市に移転され、排ガス規制も「ユーロ４」に相当する「北京四」の基準が導入された。これに伴いガソリンの質も北京においては「国四」と呼ばれる硫黄含有50ｐｐｍ以下のものを販売するようになった。

交通渋滞を緩和するために、奇数日に奇数ナンバープレートの車両、偶数日に偶数ナンバープレートの車両しか運転してはならないという車両規制も導入。さらに、五輪開幕前から、建築現場での作業を全面休止させた。建築現場から立ち上る粉じんは北京の空気汚染の大きな原因でもあった。ヨウ化銀ロケットを雲の中に飛ばし人工増雨を行い、空中のチリを洗い流した。そのかいあって、２００８年の夏から秋にかけて北京は、すばらしく清浄な空気に包まれた。「やればできる子、北京！　見直した」と私の周囲では、高く評価する声が聞かれた。

ではその後、いつの間になぜ、再びここまで大気汚染が悪化したのか。

北京の大気汚染が再びひどくなったと実感し始めたのは2010年ごろからである。勤めていた新聞社を辞めてから再び北京に2か月に1度のペースで行き出して、まず交通渋滞がひどくなったことに気がついた。北京の自動車保有台数は2012年初めに500万台を突破したことがニュースになった。今年初めは約520万台となっている。2007年5月に300万台突破のニュースを書いた覚えがあるから、それから約200万台増えたことになる。北京の大気汚染再悪化の原因の一つは車保有数が増えたということがまず考えられる。

だが車は確かに増えたが、北京人口約2000万人。東京1300万人口の自動車保有450万台弱と比較すると、猛烈に自動車が多いというわけでもない。今なお、曜日ごとにプレートナンバーの末尾の違う車の通行規制を行う交通渋滞緩和策を導入している。交通渋滞がひどいと感じる最大の要因は、ひとえに交通インフラの脆弱さのせいだろうが、それでもここまでひどくなるだろうか。

PM2・5という言葉の登場で大気汚染をより敏感に認識するようになったということも一因かもしれない。2009年から始まった北京の米大使館がツイッターで公表するPM2・5のデータは、環境意識の高い中国人たちの関心事となった。

この超微粒子が1立方メートルの空気にどのくらいあるかというのが、健康に影響する大気汚染の1つの指標である。50以下が正常で、300以上になると、屋外での運動などは控えたほうがよい、とされる。それまで中国環境当局はPM2・5の観測を公表用にはやっておらず、10マイクロメートル以下の浮遊粒子量をはかるPM10を基準として、それを基礎に大気汚染指数を発表してきた。しかしながら、汚染が軽度（2級）以上の日数について北京市環境当局に目標値（ノルマ）が課されており、恣意的に観測結果が操作されることもあって、米大使館発表としばしば結果が大きく違った。この米大使館発表のPM2・5数値が中国環境当局発表と大きく違い騒然となったのが2011年12月5日。この日、中国北部で大スモッグが発生し、高速道路が閉鎖され、飛行機300便の発着が取り消される事態が発生。この前日の12月4日午後7時に米大使館が発表した数値は、PM2・5濃度522、空気の質指数は最悪値のAQI500、健康への影響は「（悪すぎて）指標外」だった。北京市環境当局が4日正午に発表した数値は空気汚染指数193、軽度汚染2級で米大使館の指標とぜんぜん違う。翌日の、真っ白な大気を見れば、北京環境当局の観測値がいかにいい加減であるかが一目瞭然となった。

この事件から、北京市民の間で一気にPM2・5への関心が高まり、中国の環境当局の観測のいい加減さを非難する声が強くなった。中国側はそれまで米大使館が独自にPM2・5を観測して公表していることに対し内政干渉だ、国民を動揺させると強く批判していたが、当局内部でも大気汚染指数の基準を見直す動きが始まった。

約9・5億元の予算を投入して2013年1月1日からPM2・5と臭気の観測が正式に導入

された。そして1月の北京市、天津市、河北省地区の大気は観測史上最悪を記録したわけだ。観測値が出るようになったために、大気汚染がひどいと認識するに至ったとも言える。

もう一つ考えられる要因は地方の工場地帯からの汚染大気の流入である。河北省は北京五輪を迎える北京市の大気を正常化するために、鉄鋼工場など汚染源工場を移転した地域である。北京は五輪開催の立場を利用して、他省に汚染源を押し付けたわけである。だが土壌や地下水汚染と違い、大気汚染はそこだけにとどまっていない。大気は上空でつながっており、風の向き、気象条件次第で汚染が動くのである。2008年段階ではまだまだ発展途上であった河北省や天津など周辺の都市だが、この5年の間に経済成長した結果、大気汚染は汚染発生地からあふれ出す形で北京にまで逆流した、と考えられる。

2013年1月の大気汚染の原因について、中国科学院大気スモッグ原因追究・制御専門研究チームが調査結果を2月3日に発表した。それによると、北京市内の三大原因として自動車、暖房、レストランなどの厨房の排気が挙げられ、北京の大気汚染源の50%以上とされた。自動車の排気は北京のPM2・5の4分の1の発生源という。暖房というのは、北京の暖房システム「暖気（ヌアンチー）」から出る排気のことだが、都心の集合住宅で採用されている暖気は、おおむね燃料が天然ガスに切り替わっており、しかも排気が外に漏れない形になっている。都心の周辺部には、石炭や練炭を燃料とした昔ながらの暖気が稼働しており、数としては2000か所程度と決して多くはないのだが、異常寒波の2013年、特に燃料が多く燃やされたこともあって、空気汚染の一因となっていると指摘されている。これに加えて北京周辺の河北省や天津市などの工場地域から流れ込んでくる汚染が5分の1と発表された。

だが専門家が耳打ちするには、この推計に確たる根拠はない。要するに汚染源を分析しきれない、というのだ。

松野豊氏も「北京の大気汚染は、まさに複合汚染なのです。たとえば四日市公害のようにこの工場から出る排気が原因だ、と特定できない。自動車、工場、火力発電所、建設現場の粉じん、黄砂……発生源が多様であり、これら物質がさらに大気中で化学反応し、有害物質ができる。ですから、対策がとても難しいのです」と話していた。

ＰＭ２・５と肺がん

大気汚染は農村や地方都市の問題だけでなく、気象条件によっては中国のショーウィンドーたる北京や上海をも襲った。

これはおそらく中国にとって大いに面子のつぶれることだったろう。ここに追い打ちをかけるようにＷＨＯ（世界保健機関）傘下のＩＡＲＣ（国際がん研究機関）は10月17日、ＰＭ２・５が「肺がんを引き起こす可能性がある」と正式に結論づけた研究結果を発表した。名指しで中国などが危険にさらされていると指摘し、国際社会に対応を求めた。

中国衛生省によれば、国内の肺がん患者死亡率は過去30年の間に465％増を記録していた。北京に関していえば、この10年で6割増という。中国では毎年新たにがんを発症する患者は312万人で世界全体の2割を超える。がんで死亡する中国人口は毎年200万人以上。がんのなかで最多なのが肺がんだった。このデータが公表された6月当時、全国がん予防研究弁公室長の陳万青副主任は「85％から90％の肺がん患者の原因は喫煙と関係がある」とし、肺がん急増は中国人の富裕化に伴う生活習慣の変化だと分析していた。だが、WHOのこの発表以降は、中国メディアも中国の肺がんの多さと大気汚染の悪化の関連性を盛んに報道するようになった。医師や専門家もメディア上で、最大の原因としてPM2・5を挙げるようになった。

一般に中国の汚染が原因とされる「がん村」は河南省や安徽省、山東省、広東省や湖南省の川沿いの農村地域に集中している。汚染による健康被害は貧しい農民にしわ寄せがいくものだった。ところが肺がんに関しては大都市のほうが多い。

中国の肺がんの発生率は平均すれば10万人ごとに38人。広州ではこれが50人、北京では60人、上海では70人。重慶や河北など一般に工場集中地域で大気汚染がひどいとされる地域では10万人当たり50人余りである。汚染源工場が集中する地域より北京や上海などのほうが肺がん発生率が高いのは、やはり複合汚染のゆえんだろうか。

江蘇テレビ（11月4日）によれば、華東地区で最年少の肺がん患者の8歳の少女について、地元の病院院長が患者の住居が自動車道のそばにあり、長期間排ガスや粉じんなどを吸入していたことが肺がんの原因だとコメントした。「PM2・5で江蘇省の8歳の少女が肺がん」というニュースは国内外に転電され、PM2・5と肺がんの関連性を決定的に印象づけることになった。江蘇省は大気汚染の特にひどい地域として知られ、人民ネットが発表した立冬（11月7日）の大気汚染ワースト10都市のうち6都市が江蘇省だ。安徽《あんき》省合肥《ごうひ》市の15歳の女子中学生も肺がんで地元の病院で受診したところ、医師は彼女の家が自動車道の近くにあり大気汚染の深刻な場所であることが原因であると診断した。合肥も大気汚染が深刻なことで知られる。

2010年、「Global Burden of Disease」という権威ある研究報告によれば、世界で大気汚染で早死にする人口は320万人で、中国だけでも123・4万人という。失われた中国人の寿命は合計2500万年。飲食、高血圧、喫煙に続く4番目の死亡リスク要因だという。大人も子供も、農民も都市民も、一般人も共産党幹部も、誰も同じ空気を吸う以上、大気汚染の脅威から逃れられない。農村汚染については、ときに隠ぺいしたり、見ないふりを決め込むこともあった中国政府も大気汚染については顔色を変え始めた。

大気10条は効果があるか

2013年1月の北京を中心とした異常な華北大気汚染を受けて、中国政府が急きょ打ち出した対策は大気汚染防止行動計画（大気十条）と呼ばれる。9月10日に公布された10か条の対策である。東京財団のHPに公開されていた和訳要約を以下そのまま引用する。

1．総合対策を強化し、多種汚染物質の排出を減らす
（1）工業企業大気汚染総合対策の強化
（2）面源汚染対策の徹底
（3）移動源汚染防治の強化

2．産業構造を調整・最適化し、産業転換アップグレードを推進する
（4）高汚染・高エネルギー消費業種の生産設備増強の厳格規制
（5）旧式生産設備廃棄の加速
（6）過剰生産能力の圧縮
（7）生産能力が大幅に過剰な業種で規則に違反して建設中のプロジェクトを断固停止

3．企業の技術改造を加速し、科学技術イノベーション能力を高める
（8）科学技術研究開発と普及の強化
（9）クリーナープロダクションの全面的推進

(10) 循環経済の強力発展
(11) 省エネ環境保護産業の強力育成

4. エネルギー構造調整を加速し、クリーンエネルギー供給を増やす

(12) 石炭消費総量の抑制
(13) クリーンエネルギー代替利用の加速
(14) 石炭クリーン利用の推進
(15) エネルギー使用効率の向上

5. 省エネ環境保護市場参入条件を厳格化し、産業の空間配置を最適化する

(16) 産業配置の調整
(17) 省エネ環境保護指標の拘束力の強化
(18) 空間構造の最適化

6. 市場メカニズムの作用を発揮させ、環境経済政策を改善する

(19) 市場メカニズム調整作用の発揮
(20) 価格徴税政策の改善

(21) 投融資ルートの拡張

7. 法令体系を整備し、厳格に法に従って監督管理する

(22) 法律、命令、基準の改善

(23) 環境監督管理能力の向上

(24) 環境保護取締の強化

(25) 環境情報公開の実行

8. 地域協力メカニズムを構築し、地域環境対策を統一計画する

(26) 地域協力メカニズムの構築

(27) 目標任務の分解

(28) 厳格な責任追及

9. 監視・早期警報・緊急対応体系を構築し、重汚染天気に適切に対応する

(29) 監視・早期警報体系の構築

(30) 緊急対応計画の制定

(31) 速やかな緊急対応措置

10．政府企業の社会的責任を明確にし、全人民を環境保護に動員する
(32) 地方政府の指揮命令責任の明確化
(33) 官庁間の協調連動の強化
(34) 企業の対策強化
(35) 社会参加の広範な動員

具体的には①２０１７年に全国の一定規模以上の都市のＰＭ10の濃度を２０１２年比で10％以上低下させること。②北京市・天津市・河北省地域、長江デルタ、珠江デルタなどの地域のＰＭ２・５濃度をそれぞれ約25％、20％、15％低下させること。③北京市のＰＭ２・５の年間平均濃度を約60μg／㎥にすること、が挙げられている。

自動車燃料については２０１３年末までに全国でユーロ４に相当する国四ガソリンを、２０１４年末までに国四ディーゼル油を導入するとしている。北京・天津・河北地区、長江デルタ、珠江デルタなどの地域内の重点都市でユーロ５相当（硫黄成分10ｐｐｍ以下）の国五ガソリン・ディーゼル油供給を２０１５年までに実現し、２０１７年末までにそれを全国区に拡大することを目標とした。また２０１７年までに石炭のエネルギー消費総量に占める比率を65％以下にするという。この大気10条に従い各地方政府は政策を制定するよう通達された。毎月、大

気環境ベスト10、ワースト10の都市ランキングを公表し、それが政治成績、つまり役人の出世に関わってくる重要な指標にされるともいう。

これを受け、北京市当局は年間新車登録枠を２０１４年から現行24万台を15万台に削減し、２０１７年までに年間新車登録を普通車については9万台まで減らすと発表した。残り6万台はエコカー、天然ガス車とするそうだ。また北京市党委常務委員会会議は10月16日には北京市空気重汚染応急対策（試案）」を可決。それによると、重大な大気汚染（ＰＭ２・５濃度２５０μg／㎥以上）が１日続くと予想される場合は「青色警報」、深刻な大気汚染（ＰＭ２・５が３５０μg／㎥以上）が１日、あるいは重大な汚染が3日続くと予想される場合は「黄色警報」、3日間の重大な汚染または深刻な汚染が予想される場合は「オレンジ警報」、3日間の深刻な汚染が予測される場合は「赤色警報」を発令。オレンジ警報が発令された場合は四停という措置が採られる。すなわち、①停産：企業・工場の生産停止・減産による汚染排出物30％削減　②停工：建設・解体工事現場の強制的作業停止　③停放：花火・爆竹の禁止　④停焼：シシカバブなど露天屋台の営業停止。さらに老人・幼児の外出自粛と幼稚園・小中高校での体育授業など野外活動の中止を勧告する。

赤色警報が発令された場合は六停という措置が採られる。四停に加えて、⑤停車：乗用車・土砂など粉塵を巻き起こしやすい貨物車の使用禁止、⑥停課：幼稚園・小中高校の休校および野外イベントの自粛を勧告する。

シシカバブなどの屋台まで汚染源として停止勧告がでるほどの厳しい措置が採られるわけだ。大気汚染を防ぐためならば、北京の経済活動が大きな打撃を受けることは致し方ない、という覚悟が滲む対策案である。

しかし、私の個人的な感覚で意見を言わせていただければ、この種の努力で成し得る改善はそれなりに目に見える形で現れるだろうが、その程度に限度もあるだろう。北京の大気汚染は先に述べたとおり、市内の自動車の排ガスや工場排気といった単純なものだけではない。様々な複合的な要素が複雑に絡み合っている。大気汚染の背景には、排ガス規制やクリーンエネルギーといった個々のテーマではなく、都市としてのシステム、そこで暮らす人々の意識、また周辺都市とのつながりも含めたもっと広い地域の問題として取り組んでこなかったツケがあるのではないだろうか。

五輪のとき、北京の空気を良くするために汚染を排出する工場を周辺地域に追いやった。北京だけガソリンの質の基準を高くした。周辺都市では質の悪いガソリンが使われ、それどころか、ガソリン価格を不当に抑えられてきた価格統制の影響もあって、ホルマールや炭酸ジメチルを使ったニセガソリンまで出回っている。北京の空気をきれいにするため人工降雨弾（ヨウ化銀弾）を空に打ち上げ、盛んに雨を降らした結果、周辺地域で異常気象が起き、干ばつや大雨の被害が出たとも言われる。結局、首都の汚染ばかりをなんとかしようとして、周辺に汚染を拡散させ負担を増やした。

こういった周辺に拡散した汚染が気象条件などで再び北京に流入した。周辺地域の悪いガソリンを使った貨物車が北京に汚染を持ってくることにもなった。汚染を周囲に押し付け、自分のところだけ汚染が改善されればよいという発想から脱せない人々は、真の意味での環境問題意識は持てないということではないだろうか。

「大気10条」は、中国全土に経済成長を鈍化させても大気汚染対策を優先させるように、という通達ともとれる。だが中国には、まだまだ貧困地域があり、経済発展を求める地方政府がある。北京や上海、広州などのすでに発展し終わった大都市の大気汚染を守るために、周辺都市に経済成長を鈍化させてまで大気汚染対策を優先させよという通達をはたして地方政府は素直に納得して従うだろうか。どこか通達の裏をかくのではないかという気がする。GDPなどの数値目標などはこれまでも水増しやごまかしが公然と行われてきたのだから。

富士山にまでおよぶ大気中の水銀汚染

大気は上空でつながり、北京の汚染は、タイムラグを経て日本のほうへ流れていく。

滋賀県立大学・環境科学部の永淵修教授らの調査チームは毎年夏に富士山頂の大気中の水銀

濃度を専用機器を持ち込んで観測しているが、2007年夏に市街地2・2ナノグラムの10倍を超える25・1ナノグラムの水銀を検出したことがある。しかもその大気は中国東北部や朝鮮半島を経由してきたものであることが気象データの解析などから判明した。このニュースは2013年4月16日に朝日新聞が報じ、さらに秋には中国の新華ネットなどが報じて大きな反響を引き起こした。

永淵教授は2007年という古いデータが今ごろ話題になって戸惑っているようだが、観測の手順と結果については、このように説明してくれた。

「ミニポンプで空気を引いて粒子状とガス状の水銀を吸着させて、それを研究室に持って帰って測るというやり方です。富士山頂の測候所の建物の外で小型のポンプを使って、半日とか1日とか2日とか計測する。07年の計測値は3日間ずっと引いたものの平均値です。

07年8月下旬に測定したとき1立方メートル当たり25・1ナノグラムを計測して、あまりの高さに、嘘かな、と思いました。他の研究者がSO_2数値を図っていましたが、そちらも高かった。その時期は（気象データから）確実に大陸から気塊（大気の塊）が来ていることがわかっていて、それが汚染されていたのは間違いないと思いました」

「その後、08、09、10年とずっとやっていて、最高が5くらいですから、やっぱり07年が一番高かったですね。07年が一番最初なので、測定方法が間違っていたなどと測定結果を怪しんでいる人もいますけど、粒子状の物質も高いし、トラベル・ブランク（試料採取から研究室解析時までの間に起きる汚染）もないし、間違いないと思います。僕は、ほぼ同じ時期に、中国大陸の大連でも3日間、測定しているんですが、富士山頂で測ったのと同じ濃度の25ナノグラムという数値が出ている。大連の水銀で汚染された空気がそのまま富士山まで来た可能性が高いと思っています」

「08年以降は5ナノグラムという数字が出ていますが、そのときも大陸から気塊（大気の塊）が入ってきている。実は、5ナノグラムでも高濃度だといえる。北半球の中緯度、つまり日本周辺では、汚染がないところの水銀濃度は、だいたい1・5ナノグラムが平均値なんですが、それ以上だと、何らかの人為的な汚染があるか、あるいは火山活動があったか、どちらかなんです。火山からも水銀が出るんですが、僕が測定して高濃度だったときは、火山活動の影響はなかった。したがって、何らかのスポット的な汚染があったとみていい。

水銀濃度が高くなるときは、確実に大陸から気塊（空気の塊）が入ってきています。南の小笠原方面から気塊が入ってきたときには、水銀の計測値が高くなることは絶対にない。水銀で汚染されているんだから、中国から運ばれてきているのは間違ってないでしょうね。伊吹山とか屋久島で計測したときも同じ傾向が出ています。もともと、日本周辺は、いつも大陸からの西風が吹いている。だから黄砂が飛んでくるんで、別に珍しいことでもなんでもないんです。日本の西側にある国が発展して工業化が進んで、自動車の保有台数が増えて排ガスが増えれば、当然、風に乗って日本に流れてくる。これは自然の流れですよね」

富士山という世界遺産が中国から流れてくる大気汚染で汚れているという日本人には魂を汚されたような気分で、ショックかもしれないが、大気汚染防止法に基づく基準の水銀濃度40ナノグラムよりはるか下の数値であり、2011年、2012年の夏は太平洋側からの大気が流れ込んだせいもあって2ナノグラム前後にとどまっていたことは付け加えておかねばならない。

永淵教授は「富士山頂というのは約4000メートルで、自由対流圏というところにあり、地上の汚染の影響を受けず、大気の汚染を見るのに非常に適したところ」と言う。

地球が一つで大気は流れ、世界はつながっていると実感させられた研究データであろう。

日本も他人事ではない

北京の大気汚染が悪化したあと、九州のPM2・5濃度が大幅に高くなることも観測値として表れている。もっとも日本の大気汚染基準ではPM2・5濃度は35μg/㎥がAQI100（大気汚染程度普通）であり、この基準値を少し超えただけで大気汚染と報道される。基準値2倍の70μg/㎥に達すると、外出を控えるようにという注意報を出す。だが中国の場合は75μg/㎥がAQI100であり、70μg/㎥であれば「良」になる。中国側にしてみれば、その程度など汚染に入らぬ、越境汚染などと言うな、と言いたいところだろう。

程度や感覚の差はあれど、大気は日本も中国も共有し、その汚染も気流によって遠いところからも拡散し運ばれていく。ゴビ砂漠の黄砂は北京などの上空を通り、酸性雨、窒素酸化物を含んで飛来する、それより粒子の小さいＰＭ２・５も当然、中国から飛来してくる。もちろん日本国内で発生した汚染も含まれているので、どのくらいの割合が中国からのもので、日本の大気汚染のどのくらいの割合が中国のせいだ、などということは言えない。言えるのは、中国の大気汚染は他人事ではなく、日本人の暮らしに切実に関わる問題であるということだ。


中国を汚染源として批判一辺倒で、厳格な対策を求めるだけでは問題は解決しない。そういう姿勢であれば、それは北京市や上海市などの発展を遂げた都市が自らの大気汚染防止のために地方都市に経済成長を犠牲にしてでも汚染排出物を減らせと要求するのと同じだろう。

日本が環境問題をおおむね克服できたのは、経済のグローバル化の過程で工場の多くが中国をはじめ海外に移転したことも一つの要因だった。中国が世界の工場の役割を引き受けると同時に世界の汚染源も引き受けたとも言えるだろう。もちろん、中国の汚染はその独特の政治システムや司法の欠陥によって違法に汚染を垂れ流すモラルのなさや、汚染処理コストを削ってでも目先の利益を優先する近視眼的な工場運営に問題があったのは言うまでもないが、そういう中国の工場が支える格安製品によって日本企業や日本の市場が恩恵を受けてきた部分があったことも確かだった。

そういったことを踏まえ、松野氏は「日本や外国企業にも中国と協力して環境汚染防止に取り組む責任があります」と言う。

では環境ODAを再び、ということになるのだろうか。円借款だけで1兆円を超える対中環境ODAが、日本とまったく違う政治制度と法体系とモラルの中で、期待されたほどの効果の広がりを得られたかというと、否定的な意見も多いだろう。対中環境ODAによって移転された環境技術の多くが国情の違いによって、現地に根付かなかったという指摘はある。日本の排煙脱硫装置に関するODAが関係企業の中国脱硫装置市場の進出につながらなかったのはその典型例として語られている。性能も高いがコストも高い日本技術より、それを模倣した、性能はさほど高くないが日本の技術より価格が8割以上安い脱硫装置のほうが市場の要求に圧倒的に合い、日本の技術は淘汰されていった。

ちなみに中国の火力発電所は2011年まで、環境保護部の電気料金補助政策によって、9割以上に脱硫装置が設置されたことになっている。だが、そうやって導入されたはいいが、実はほとんどが稼働していない、という報告もある。2012年2月に国家電力監督管理委員会が発表した2011年の脱硫装置に関するリポートでは「稼働率2割」という。この補助政策では、脱硫装置のレベルにかかわらず、1キロワット当たりの電力に対し0・008元の補助金が出る仕組みだが、そうするとほとんど機能しない安価な「なっちゃって脱硫装置」を設置するようになる。あるいは設置しても稼働するとコストがかかるのであえて稼働しない、故障しても修理しない、といった事態が多く見られていた。

また中国に限らないが、途上国の地方政府の汚職体質の中で不正に使われた部分もあった。環境ＯＤＡではないが、貧困地域に小学校を建てるという名目で下りた日本政府の草の根無償資金が、役人のベンツの高級公用車に流用された例などは、私自身が駐在記者時代に目の当たりにしてきた。

こういった不正流用の問題は、実際にＯＤＡ事業に携わった人たちから「日本政府側の対中理解の浅さが関係ある」と指摘する声もある。情熱的な個人や民間グループにお金を出したほうが効果があると思われる場合も、カウンターパートに政府系機関が絡まねば日本政府としてプロジェクトを認可しない。民間の脆弱な環境運動体は地元政府と対立関係にあることも多く、援助が難しいという事情もある。地方政府という汚職の温床を通せば、必ず不正利用が生まれると、現地を知る人ならわかっているはずなのに、カウンターパートの地方政府側の言いなりで進めざるを得ない事情がある。

日本はこれまでに、越境大気汚染問題については東アジア酸性雨モニタリングネットワークや北東アジア準地域環境協力プログラム、日中韓3か国環境大臣会合などを通じた取り組みを行ってきた。主にモニタリングと協力の必要性の認識の確認といったレベルだ。2013年に入り中国のPM2・5問題に日本でも関心が高まるなか、再び日中の環境協力を呼びかける声が強くなっている。北京と東京の環境担当者が2013年10月30日から3日にわたってワークショップを開くなどの動きもあった。だが政治的に日中が対立し国民感情が悪化しているなかで、過去の環境ODAと同じやり方を復活させることへの強い抵抗の声もある。では環境企業による有償技術協力という方法が有効なのか、民間NGOレベルの交流がいいのか。異なる政治体制と司法とモラルの国と、効果ある協力体制を構築することは、障害の多い極めて困難なテーマだろう。

だが、まずは日中間に立ちこめる「政治的にきな臭いスモッグ」を払わないことには、いいアイデアも見えてこない。今のままでは、相手の本心がお互いに見えない。さらに言えば、この「政治的スモッグ」を追い払うアクションは中国側からやってほしいものだ。日本は政府も国民もひと昔前までパンダに万里の長城、中華料理が大好きな親中国だった。天安門事件後、国際的にまっさきにODAの再開を決め、数々の対中協力を実行してきた。ここまで対中感情を悪化させたのは、中国側の昨今の対日姿勢に起因するところが大きい。お互いの小さな心の曇りを払拭できないのでは、もっと広大な頭の上の空を浄化することなど、とてもできない。

第七章

メディアと市民運動

緑の記者サロン

そこには熱気があった。雲南の山奥の村から来たという農民もいた。学者もいた。市民運動家もいた。NGO関係者、ボランティア、大学生、現役の記者、北京在住の外国人や普通のちょっと環境に興味のある市民も。2013年5月9日、北京市の経済観察報社の会議室で「環境記者サロン」と銘打たれた勉強会が行われていた。参加者は30人程度だが、多彩で多様だ。2000年から毎月1度行われている自由参加の環境問題勉強会で、私は北京駐在記者時代にもこのサロンには何度か訪れている。

主宰は1996年に設立した中国三大NGOの一つ「緑家園」。創設者は元中央人民ラジオ記者で著名な環境活動家の汪永晨《おうえいしん》さん。1947年北京生まれ、北京大学卒の才媛。中央人民ラジオ記者として活躍し1988年に「香山のもみじを救え」などの環境問題をテーマにした報道番組で高い評価を得た。緑家園は設立当初こそバードウォッチングや近くの森林を歩いて自然を見るなどの誰でも参加しやすい活動から始めたが、やがて砂漠地域や黄河や長江流域などの環境破壊の激しいところに分け入るようにフィールドワークを行い、市民の啓蒙やメディアを使った世論喚起などを仕掛けてきたアグレッシブなNGOになっていく。サルウィン河上流の雲南省・怒江《どこう》のダム建設を生態破壊問題だと告発し中国に一大論争を引き起こし、一時的だが工事を中断させたのも彼女らの活動の成果といっていい。結局、怒江のダム建設プロジェクトはPM2・5問題が深刻化した今年5月、火力発電の依存軽減を理由に再開のゴーサインが出されたが、彼女らはまだ諦めていない。環境問題の女闘士といった印象だが、その一方で、2007年に人民代表環境資源委員に当選し、国家環境保護総局（当時）、中央宣伝部などが選出する「2007年中国グリーンパーソン」に選ばれるなど、政治的な駆け引きもできる稀有な人だ。

この環境記者サロンも緑家園の啓蒙活動の目玉の一つで、一流の学者から字もあまり読めない農民までが自分の立場で環境問題を討論する場だ。

環境記者サロンを主宰するNGO「緑家園」創設者の汪永晨さん。（筆者撮影）

この日のテーマの一つは「北京のスモッグの代償を農村に支払わせてよいのか」というものだった。北京のスモッグに限らず、大気汚染の原因の一つとして火力発電所の排気が挙がっている。中国の火力発電は2012年、年間総発電量の78・6％を占める。中国当局は火力発電所の排気を減らし、石炭消費の削減目標を掲げている。だが、電力の需要は経済発展に伴い伸びている。このため水力発電や風力発電、原発をクリーンエネルギーと位置づけて、その割合を増加させている。結果、大型水力発電ダムの乱建設が生態系破壊や地元農民の強制移民などの問題を引き起こしていた。

ちなみに中国の水利発電設備容量は2012年段階で世界1位。2012年だけで水力による発電量は前年比29・3%増で、全国発電総量の17・4%を占める。世界最大の三峡ダムを批判の嵐にあいながら完成させたあとも、60前後の大型ダムプロジェクトが進行しており、その中には長江上流の金沙江《きんさこう》で建設中の世界3番目の規模となる溪洛渡《けいらくと》ダムプロジェクトや怒江ダムプロジェクトが含まれる。

特に金沙江では25か所の水力発電所建設が計画されており、25のダムが連なって一つの巨大なダムのようになり、河底の泥などの堆積物流動を阻害すると懸念されている。

金沙江の農民の嘆き

サロンはこんなふうに行われた。

まず汪永晨さんが立ち上がり、ゲストを紹介した。「今日は、〝金沙江の子〟と称された夭折の学者・蕭亮中《しょうりょうちゅう》氏のご両親を招きました」。日焼けで褐色の肌をした実直そうな農民の老夫婦がよろよろと立ち上がって会釈した。2005年の冬、32歳の若さで亡くなった人類学者の蕭氏は、長江の源流・金沙江の環境保護と現地の農民の啓蒙活動によって環境保護に関心のある人の間で伝説となった人物だ。彼の両親は汪さんはじめ、北京の環境保護活動家たちが金沙江のフィールドワークに現地を訪れるたびに交友を深めた関係であった。蕭氏の父親が重い病を患ったため、汪さんらが北京で手術を受けさせて治療を支援しているので北京に滞在中だという。さらに「今日は、うれしいことに楊学勤氏もいらっしゃっています」と、金沙江沿いにある雲南の農村・石鼓鎮《せっこちん》から来た楊学勤《ようがくきん》氏が紹介された。

サロンにて金沙江の環境破壊の現状を訴える農民・楊学勤氏。（筆者撮影）

現地にダム問題の取材に行った都会の記者たちに「北京の大気汚染のつけを金沙江の人間に払わせるのか！　自分の家の庭を自分で破壊して、今度は俺たちの家の庭を壊そうというのか！　自分たちの生活がすでに環境破壊の影響を受けているから、今度は俺たちにも影響を受けろというのか！」と激しい口調で訴えた金沙江に依拠して暮らす農民の代表だった。この言葉に感銘を受けた緑家園は今回、彼をゲストスピーカーとして、招聘したという。

金沙江の石鼓鎮といえば、私の初の海外旅行となった大学時代のワンダーフォーゲル部の雲南遠征で訪れた思い出深い場所である。孔明《こうめい》が諸夷《しょい》を阻むために設立したという石鼓がある納西《なし》族の村・石鼓鎮からの春の金沙江の眺望はまぶたに焼きついている。コバルトブルーの江水と菜の花畑の黄色と山の緑が鮮やかなコントラストをなしたパッチワークのように広がり、この世の天国、秘境、桃源郷と呼ぶにふさわしい神々しい絶景だった。その村がダム建設による環境破壊に苦しんでいると聞いて、私も懐かしさと痛ましさに胸がざわついた。

楊氏は「私は文化水準が高くありません、中学を卒業しただけです」と断って話し始めたが、農作業で日焼けした顔は少し哲学者のような雰囲気を漂わせる。簡単にまとめると次のような内容だった。

「(ダム建設のために)政府の組織に強制的に移民させられる村があります。私の村も虎跳峡《こちょうきょう》流域にあって、一時は移民の話がでました。……

移民の村というのは、最初は土地が平に整地され、新しい石灰の白壁のきれいな家が並んでいます。しかし、数年して、その移民村に行くと、村はごみに糞便、肥料が雑然と散らばりすっかり荒れていました。その土地にもともと住んでいた農民は移民たちを歓迎していないのです。勝手に雑木を切った、お前たちの飼っている豚が境界線を越えた、そんな理由でしょっちゅう衝突し、きれいだった移民村はすっかり荒れてしまっていたのです。214国道沿いには移民村がとても多いのですが、そこの移民たちは〝賊〟呼ばわりされて、差別されていました。

……

私は金沙江のほとりで生まれ、小さいころは友達と一緒に魚を捕って、河辺で火を起こして食べたりしていました。今は、(生態破壊のせいで)魚はいません。ドジョウすらいません。環境というものは、地方のどの村にもある精神文明なのです。環境衛生と環境保護は同じものではないようです。毎日顔を洗う、これは衛生です。……

村ごと、政府ごと、社区ごと、ゴミの問題が誰もうまく処理できていません。河辺の村にとっては、一番簡単なのはゴミを水に流してしまうことなのです。今の環境衛生を見れば、〝長江の第一曲がり〟のあたりは非常に美しいですが、河辺をよく見ると建築ゴミなどがとっても多い。

この2年ほどは、農村の都市化が始まり私たちの石鼓のあたりもプロジェクトに沿ってネットやらテレビやらの電線を地下に埋める工事がありました。また汚水処理場もできました。でも、それらは私たちの住居のところまで来ていません。糞便は今も肥に使っていますし、最終的には河につながる溝に流します。汚水処理場がどこにあるかは知りませんが、聞くところによると金沙江の水嵩が増えると、水に沈むところらしいです。

このように環境衛生が進んでも環境保護の問題に至っていない心配があるのです。石鼓のような小さな村にも専門のゴミ清掃員制度ができて、毎日ゴミを拾っている。でも私が小さいころよりも落ちているゴミが増えているのです。小さいころにはビニールなんてありませんでしたから。……

あと、生存の問題を話したい。都市では生活必需品はスーパーでお金で買いますが、私たちはそんなもの必要ありません。自然に頼って生きているのです。自然に頼る生存とは何か？　たとえばイチゴ。我々の住んでいるところでは以前はイチゴなんて植えていませんでした。でも今は植えるようになりました。やっぱりおいしいです。そんなふうに、新しい果物も、自分の家で作ります。

私の家は4畝の耕地があります。これだけだと一家4人は食べていけません。夏に大水が出ればわが家の耕地は水没し、秋には一粒の麦も収穫できません。春先にアブラナと小麦を植えれば、2000キロの収穫がありますが、これでは足りない。そこで豚や鶏を飼ったり、山に行って、少数民族地区の特産品の冬虫夏草や薬草を仲買したりします。ですが実際のところ基本的には私たちの生活は自然環境にすべて頼っています。

町の人の生活は、人民元と離れては暮らせません。私は、人民元に頼って暮らす人の生活は自然に頼って暮らす人の生活に比べてリスクはずっと大きいと思います。

我が家では、どうして都会のスモッグが我々の村の環境を犠牲にするのだろう、と話しています。私たちの虎跳峡は結果的に水没しませんでしたが、2006年にはこの地区がダムによって水没するとの通告を地元政府から受けました。多くの住民は同意しませんでした。結局、政府は発電所を作らないことに決定し、8年たった今も何も起きませんでした。しかし、もし発電所が作られて私たちの故郷が水没したとしたら、その電気は中国南方電網を通じて、北京などの人口密集地に送られるはずだと聞きました。大気を汚す火力発電を減らして水力発電を増やすのでダムが必要だと。……

私たちは小さいころ、学校で北京は首都で、天安門は心の中の太陽だと教えられました。そんなところでどうして環境汚染が起きるのでしょう。

きのう、金沙江から北京に到着しました。妻と二人で、へんな臭いがするね、と話しました。きょう、早朝出かけるときに、こんな早朝なのに呼吸が気持ち悪かったです。故郷のほうがずっといい、静かで快適です。一つのダム建設を政府が決定すると、私たちには反対する権力はありません。賛成しないと口で言うぐらいしかできません。

自然環境を破壊し、気候環境を破壊し、さらに私たちの生活環境を混乱させるのは、それこそ人道的ではないでしょう。……」

訥々とした口調だが、力のこもったスピーチに拍手が起きた。移民の悲哀や、農村の環境政策と実際の環境保護のかみ合わなさ、都市と農村の関係の問題が素直に語られた農民の肉声だった。

環境記者の育成こそ汚染克服の早道

楊さんの提言を受けて、人民日報で記者として三峡ダムの移民問題を取材してきた柳白氏や北京工業大学で環境移民問題を研究している韓秀記教授らから発言があった。午後に入りNGO「自然之友」の前総幹事の李波氏が2050年までの中国のエネルギー政策を紹介し、中国水利水電科学院の劉樹坤《りゅうじゅこん》教授からクリーンエネルギー問題についての争点について提議がなされた。

劉教授によれば、環境保護に関心のある人からみれば水力発電は深刻な生態環境破壊を引き起こす悪だが、国家発展改革委員会の専門家はこれをクリーンエネルギーと見なし、発展させなければならないと考えている。では、単純に二酸化炭素を出さないという理由で水力発電をクリーンエネルギーと考えるべきか。中国ではクリーンエネルギーの定義は今のところ、生産過程で「汚染物質を排出しない」エネルギーとされ、水力発電、原発、太陽エネルギー、風力発電、バイオエネルギー、全部クリーンエネルギーとされている。

だが日本の福島の原発事故後に、核工業部では原発は事故を起こせばクリーンエネルギーではない、という定義が加えられた。

劉教授は「私は基本的に水力発電はクリーンエネルギーではないと考える」と意見した。ダム建設からその運用、耐用年数などを総括して、はたしてどのぐらいのCO_2を排出するかを考えれば、山を切り開き、大量の鉄骨とコンクリートを何百トンもの大トラックで運びこみ建造する巨大人工物が排出するCO_2は決して少なくない、という理屈だ。

「だが、これは他のクリーンエネルギーにも共通して言えることだ。太陽パネルを製造する過程で出る汚染や排気はどうなのか。ただ水力発電は生態系に重大な影響を与える。一つのダムができるだけで本来あった河は存在しなくなる」

こういったいろんな観点から様々な立場で論点が出されたあと、討論が行われ、サロンの時間が終わったあとですら、記者たちが集まって、侃々諤々意見を戦わせていた。私はその議論に交わらなかったが、「国家の発展に一部の自然が犠牲になるのは致し方ないのでは」「水力発電を控えて、比重を原発にシフトしていけばよい」「福島の事故をみれば、原発はいったん事故が起きれば取り返しがつかない」といった意見が飛び交うのを傍らで見ていて、少々興奮していた。北京ではすでに、ここまで戦略的な民間の環境問題への取り組みが始まっているのだと。サロンの規模は小さいが、参加者のほとんどが人民日報のような御用メディアも含めて記者たちであり、それぞれが討論の成果を取材や記事に反映させるつもりで参加していた。

サロン閉会のあと汪さんにあいさつすると「環境問題を現実的に解決に導くのはメディアの力だと思うのよ」と力説していた。「環境記者を育てることが、市民に環境意識を根付かせ、世論を起こして環境問題を克服する一番の早道よ。それがサロンの目的よ」。

住民運動の迷走

環境・公害問題克服のための重要な要素として欠かせないのが、市民運動、あるいは地元住民による環境運動である。そういった住民運動が良心的な学者やメディアの後押しを受けて、司法を通じて政府や企業を動かす、というのが日本などで起きてきた環境運動の道のりだったと思う。中国でも住民、市民の環境問題意識が高まり、様々な住民運動が起きている。ただ、中国の特殊な政治体制の下、この住民運動のあり方は日本などとかなり違う。

まず学者やメディアとの連携は常に妨害にあってきた。住民の環境運動というのは、汚染源企業だけでなく企業を誘致した地方政府に矛先が向くもので、ものによってはプロジェクトを認可した中央政府にも批判が向きかねない場合がある。メディアは一般に、政府機関や党機関の機関紙が母体であり、基本、党の宣伝機関という立ち位置の、いわば準公権力に属する。そういう意味で政府批判、党批判に通じる記事はかなり制限される。良心的な記者がたとえ取材しても、最終的に掲載を見送られるケースはよく聞く。報道の自由度が比較的高いと言われる広東省メディアの記者ですら、環境汚染問題の記事が「お蔵入りになった」とよく嘆いている。北京メディアが山東省の汚染問題を告発する、広東メディアが上海の汚染問題を暴く、といった地方政府同士の対立を利用した越境取材による環境問題告発は以前は多かったが、最近はメディアコントロールが強化され、越境取材を基本的に禁じる傾向が強まっている。学者もよく似たような立場で、公務員と同じく、政府の立場を離れて自由に活動できる学者は非常に少ない。

こういう理性的な第三者がコミットしにくい中国における住民運動は、ときとして迷走し、暴力的暴発的な抗議活動に向かう。

たとえば企業・工場による水汚染に抗議して、農民たちが工場を打ち壊しに行ったり、排水口を塞いだり、バリケードを作ってトラックによる原料搬入を阻止したり、工場の責任者を拉致し暴行するような実力行使の汚染抵抗事件は数多く起こってきたし、今も起きている。こういった農民の反汚染抗議活動は暴動扱いで公安当局の武力を使った取り締まりにあうのが常だった。だが近年はインターネットの発達により情報拡散スピードと範囲が広がったおかげで、こういった暴力的な住民抵抗運動が大規模化する傾向も出てきた。

日本とは違う発展の仕方をしている住民運動の例をいくつか紹介しよう。2013年8月15日、河北省武強県の化学工場・東北助剤の排水に苦しむ村民たち1000人以上が工場を包囲し、原料を運び込むトラックを阻むなどの実力行使に出た。少なくとも、この包囲網は10月15日まで解かれていない。周辺十数か村の村民が24時間交代制で包囲し、しかもネットでこの抵抗運動の情報が拡散したので、他県他市からも多くの賛同者が参加し「グリーンマラソン運動」

と銘打った環境運動になった。チャイナ・デイリーなど中央メディアもこれを報じ、工場は9月に操業を停止し、排水問題を改善することを約束した。ただ、村民たちは工場が立ち退くまで包囲し続けるとしていた。その後、続報がないので、現在はどうなったかわからない。住民運動の中心となった小流屯村は人口4000人、この3年でがん死亡者が59人を数えた「がん村」である。とりあえず工場の違法排水を住民運動で停止させたことは、一つの成果と言えるだろう。

また2013年7月13日に広東省江門《こうもん》市鶴山《かくざん》市で起きた「原発燃料工場建設計画」反対のデモは、中国初の反原発デモとして注目された。これも計画は白紙撤回された。3月末に原子力発電大手の中核集団（中国核工業集団）と鶴山市はプロジェクト協議書の調印式を北京で行い、総建築面積50万平方メートル、総投資額370億元の工場を建設すると決定。ウラン燃料の純化転化、濃縮施設など、核燃料加工製造に必要な一連の設備を備え、2020年までに年間1000トンのウラン燃料を生産する国際的に一流の核燃料加工産業基地として、アジアの核燃料センターを目指すとした。このニュースは地元紙でも江門市のオフィシャルサイトでも報じられたが、この時は特に反対運動は起きなかった。ところが7月4日、このプロジェクトのリスクアセスメントについて、国務院の規定に従って、10日間、パブリックコメントをネットなどで募集すると発表したところ、ネットユーザーたちが不安を言い始めた。この不安は5日には

「核危機」という言葉にエスカレート。これを受けて、市政府は8日、地元大学など3か所で市民向け核燃料知識講座を開くなどして安全性を訴えたが、不安を募らせた市民は10日、微博などを通じて抗議の「散歩」が呼びかけられたのだった。中国では「デモ」は地元公安局の許可がいるので、許可を得ないでデモを計画する場合は、各々が偶然に同じ場所を「散歩する」という建前で、デモを「散歩」と呼ぶ。

このデモで市民たちは国歌を歌い、「緑の我が家を返せ」「愛国愛郷、核汚染に関心を持とう」といった横断幕を掲げながら行進。警察は市庁舎に至る道路を約２００人の機動隊で封鎖するも、やじ馬も加わって大群衆となった市民を食い止められず、ついには市庁舎前にデモ隊が流れ込んだ。デモは３日続き、13日早朝、ついに市政府は微博のオフィシャルアカウントで、プロジェクトの中止を発表した。

環境住民運動の暴徒化

暴動化した住民環境運動も少なくない。２０１２年、２０１３年に起きた江蘇省啓東《けいとう》市、四川省什邡《じゅうほう》市、浙江省寧波《ねいは》市、雲南省昆明《こんめい》市の環境住民運動はけが人や逮捕者もでる激しいものだった。

まず、２０１２年7月28日に起きた江蘇省南通《なんつう》市啓東市の製紙工場排水管敷設計画反対デモ。

この製紙工場が日系企業の王子製紙南通工場であったことから、当時は反日デモの要素もあるとして報じられたが、私は環境住民運動の一つとしてとらえている。

デモの目的は、長江河口に位置する工場の排水を100キロ以上離れた啓東市が位置する黄海沿海に廃棄するための排水管敷設計を阻止すること。やはりインターネットの微博で呼びかけられ、集まった約1万人の群衆は啓東市庁舎前に押し寄せ暴徒化した。暴徒は、約1000人の警官隊の警戒線を突破し庁舎内になだれ込み、執務室をしっちゃかめっちゃかにかき回し、コンドームやら、高級ブランド白酒・茅台酒やら、五つ星ホテルの個人名義の1万3000元の領収書やらを見つけ出しては、汚職・腐敗の証拠として写真を撮っては微博に流した。さらに現場に駆け付けた孫建華・啓東市委書記（南通市副市長）に、デモのために制作した「反汚染」Tシャツを着るように命じたのを拒否されたため、衣服を力ずくで剥ぎ取り、その書記の裸の写真までネット上に出回った。これを見て、友人がツイッター上で「ある意味で革命」とつぶやいていたが、公衆の面前で書記の服を一般市民がよってたかって引きはがして辱めるなど、確かに文化大革命以来の出来事かもしれない。

市政府は午前10時にはパイプライン建設の永遠中止を発表した。しかし、騒乱は収まらず、警官隊も応戦。一時は死人が出たという噂も飛び交い、朝日新聞記者が警官隊に暴行を受けた。

2012年7月1日から3日間にわたって四川省什邡市で起きた四川宏達集団のモリブデン・銅鉱山開発・精錬工場建設反対の大規模デモも激しかった。90后（ジューリンホウ）と呼ばれる

1990年代生まれの若者、学生らがネットを通じて呼びかけて7月1日の夜に「宏達は出ていけ」というお揃いのTシャツを着て約1万人が市政府・党委員会建物前に集結。市政府・党委側はこれを「7月1日という党の誕生日に何者かが悪事を企んでいる」とオフィシャルサイトで批判したため、2日にはデモは2万人に膨れ上がった。興奮したデモ隊は党委員会の看板を取り外して踏みつけ、警戒にあたる特殊警察と衝突。警察側は催涙ガスなどでデモ隊を制圧し、大混乱となった。この激しい衝突の様子は動画投稿サイトで今も見ることができる。公式発表にはないが、高校生1人が死亡したという噂が流れた。3日目になって市当局は工場建設の中止を発表した。

2012年10月に浙江省寧波市で起きたパラキシレン（PX）工場建設反対運動は1週間以上デモが続き、ピークの10月28日には5000人が市庁舎前に集結、警備にあたった警官隊と衝突し、少なくとも2人が拘束された。

2013年5月4日、16日には雲南省昆明市でパラキシレン（PX）工場建設に反対する数千人規模の住民デモが発生、警官隊と激しい衝突を起こした。

ちなみにこういった暴徒化あるいは暴徒化寸前の環境住民運動は中国語で環境群体性事件と呼ばれ1996年以降、年平均29％の割合で急増中という。中国政府はこういった傾向をうけて、「中国が環境敏感期に入った」という表現で、懸念を示している。

民主主義がなければ環境汚染は克服できない

こういった環境群体性事件のいくつかは、確かに地方政府の工場建設やプロジェクト阻止という成果を上げているが、これを環境住民運動の成熟というには躊躇がある。一つはこういった暴徒化の脅威を伴う環境デモ、環境住民運動が成功する背景には、それを利用しようとする利権構造や政治勢力もあり、素直に住民の勝利と言えない部分がある。

たとえば啓東市や江門の環境反対運動は地元当局内部でも、プロジェクトによる不動産の値段への影響を気にして反対する声があったと聞いている。当局側にいったん決まった契約調印を反故にしたい勢力があり、激しい住民運動を口実に計画の白紙撤回を行ったという。ネットで抗議活動が呼びかけられる場合、当局側が本気で抗議活動を阻止するつもりであったならば、未然に防ぐことはたいてい可能である。実際、不動産価値のない貧困農村の工場移転などは、地元農民が命がけで抵抗しても警察の武力による排除で実行されるケースのほうが多い。ＰＸ工場の反対デモが成功している地域の不動産価値がおおむね悪くないというのは偶然ではないだろう。

次に正確な環境知識に基づいた住民運動ではなく、風評によるパニックから闇雲に工場移転に反対するケースも多い。啓東の王子製紙南通工場の排水に関しては、中国の環境基準値を下回り、実際には排水する水質は啓東付近の東シナ海海水よりもむしろきれいな水ではないか、と言われている。しかし、地元南通を流れる長江下流ではなくわざわざ100キロも離れた東シナ海に排水を捨てに来るなら、おそらくはひどい汚染水であろうという風評がたった。また核燃料工場にしてもPX工場にしても住民が恐れるほどの汚染は起こらないように技術的に確立されていると企業・当局側は主張するも、都市民は核、PXと聞くだけで拒否反応を起こす傾向が強い。その本音は、自分たちの住んでいる都市部ではなくもっと僻地の農村に作ればいい、というところにあり、汚染をなくすことが目的ではなく、汚染企業を自分たちの生活圏から追い出せればいいという考えである。江門市の核燃料工場建設反対デモに参加していた市民は中国メディアにこう答えていた。「原発が中国に必要なことはわかっている。だが、なにもこんな人が密集している都市部に造らなくてもいいではないか。もっと僻地に造ればいい」。正論に聞こえるが、これは貧しい農村に造るならよい、と言っているのと同じことで、そこに環境運動に必要な公益意識というものはあまりない。

「緑家園」のように、環境記者を育成し、汚染現場の農民から大学の研究者らまでを討論させ、遠く離れた農村と都市をつなげて、公益意識をともなった環境運動を成熟させようという冷静な動きは確かにある。だが、現実に起きている環境住民運動と呼ばれるものは、そういう冷静さとはかけ離れた感情的で脊髄反射的な大衆の「暴走」であり、自分たちのところだけを汚染から守れればよい、という利己的な動機で動いている。だからこそ結局のところは権力側の利用される形で「成功」したり「鎮圧」されたりしている。

環境住民運動をいわゆる冷静で理性的な公益運動に発展させ、自分たちさえよければいいという発想から、社会全体でいかに環境汚染を克服していくかを考え実行していく方向に向かわせるには、健全なジャーナリズム、報道の自由がなければならない。さらに言えば汚染問題の責任を司法によって追及できるというゴールがなければ、結局、住民運動側も当局側も暴力的手段で対決せざるを得なくなる。

だが学問の自由も、報道の自由も、独立した公正な司法も民主主義が確立して初めて得られるものである。

中国の複雑怪奇な複合汚染の一番の特効薬は今の共産党独裁体制からなんとか民主的な政治システムに転換することではないだろうか。

逆に言えば、近代的民主主義が実現できなければ、中国は永遠に環境汚染を克服することができない気がする。

第八章

水と大気はつながっている

清華大学・野村総研中国研究センター　松野　豊

メガトン級の試練に直面した新政権

社会格差や官僚汚職、民族問題など国内問題が山積するなか、中国政府にまた新たな難題が突きつけられた。2013年の1月、中国の中東部を襲った広域的な大気汚染は、現地の報道によれば全国の17省、延べ270万平方キロメートルにも及び、国土の約7分の1、約6億人もの人々に被害を与えた。今回の大気汚染の原因となる物質は、PM2・5と呼ばれる直径が2・5μm以下の微小粒子状物質である。北京では最もひどかった1月12日と13日には、一部地域では測定機器の限界を超えた（図B）。その後、夏場は少しは改善されたかに見えたが、10月の国慶節のころから再び汚染がひどくなった。暖房のない時期でも異常な数値を記録するようになったことで、政府はより抜本的な対策を迫られることになった。

北京の大気汚染は年々ひどくはなっていたが、さすがに専門家もここまで高い数値になるとは予想できなかったようである。私は北京に住んでおり、これまでも大気汚染そのものは日常的に見られていた。しかし今年の1月などは、街全体に靄がかかって空が真っ白になり異臭がするほどだった。特に汚染がひどい日は、高速道路の通行や空港の離発着にも影響が出ている。

北京は2008年の五輪開催にあたり、周辺の工場の環境汚染対策強化や部分移転、燃料の石炭から天然ガスへの転換、自動車排ガス規制の強化などの対策を採ったため、大気の状態はかなり好転していた。しかし経済発展や自動車台数の増加はその後も続いたため、大気汚染は徐々に悪化してきていたのだ。

これに気がついた北京の米国大使館は、大使館内に独自に測定機器を持ち込み、敷地内での測定結果をインターネットで公開し始めた。この数値が想像を超えて高く、中国政府も国民の批判を受けたため、12年になってようやくＰＭ２・５測定値の公開を始めた。しかし中国政府が公式に発表する数値は米国大使館のものとはかなり乖離があった。政府発表は観測地点の平均値であるのに対して、米国大使館は道路交通量の多い東三環に近く、北京の大気汚染地域だったこともその原因だ。中国政府は、米国大使館の測定データ公表をウィーン条約違反だと非難したが、次第に中国国民は政府発表の値のほうを疑うようになってきていた。

中国の庶民の間にはこんな話がささやかれた。これまでの社会問題の被害者はみんな社会弱者だった。食品安全問題が起こっても、国家のリーダーたちは特別の農場で作ったもの

図B　北京市のPM2・5（微小粒子状物質）の観測値

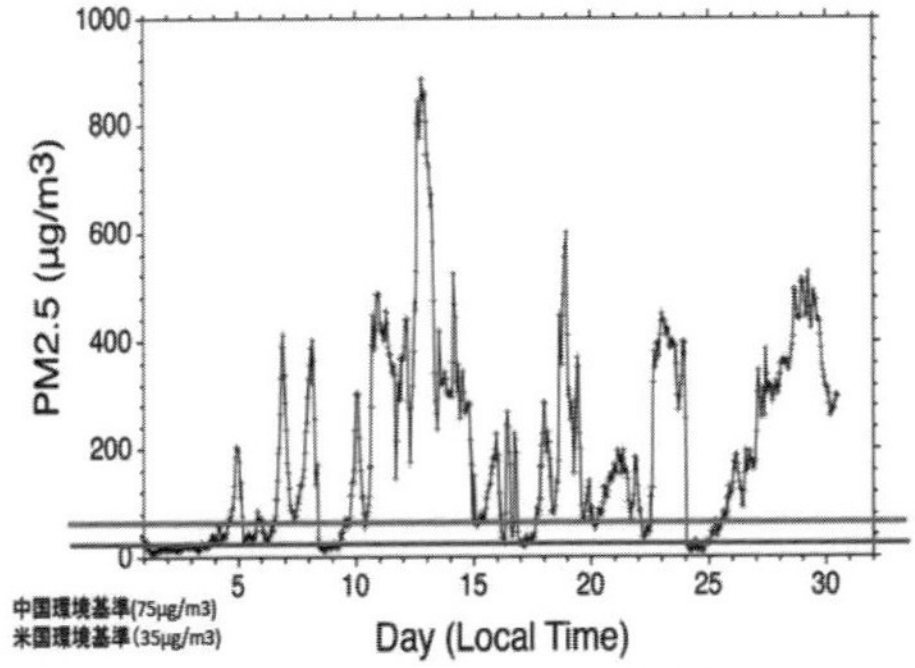

出所）在中国日本大使館説明会（2013.2.6）

2013年1月の観測値（横の数値は日付）。最も大気汚染のひどかった1月12日と13日は900μg/㎥に達している。（松野氏提供）

を食べているから関係ない。庶民が住宅価格の高騰で苦しんでも、彼らには超高級住宅があてがわれるから苦労しない。しかし大気汚染は違う。国家のリーダーたちも汚染物質を一緒に吸わされることになる。「だから今回の大気汚染対策に対しては、必ず有効な手が打たれるはずだ」と。

中国のインターネットを見ると、これまでの社会弱者だけでなく富裕層や中産階級層の人々も政府の無策ぶりに対する批判の声を上げ始めていることがわかる。国民の全階層が政府に批判の矛先を向け始めると社会の不安定化を招くので、中国政府は環境問題の解決を再優先の政策にしなければならなくなった。大げさではなく、発足したばかりの習近平新政権は、突如〝メガトン級の試練〟に直面してしまったのだ。

かつての日本もそうだった?

北京などで起こった大気汚染の状況を見て、日本のメディアなどでは、1960年代の高度成長期の日本と重ね合わせた報道が目立つ。中国が経済成長と環境汚染防止のバランスに苦しんでいるという意味ではかつての日本と同じだと言える。しかし現在の中国で起こっている大気汚染はかつての日本の公害とはかなり様子が違っていると思う。

60年代の日本の大気汚染公害は、工場などから排出される硫黄酸化物やばい煙(すすや固体粒子）が主成分で、発生源が比較的特定しやすかった。たとえば日本の四日市ぜんそくでは、工場の煙突から排出される亜硫酸ガスをなくせば解決できた。ある意味対策も取りやすい。

しかし現在の北京などで発生している大気汚染は、そうした単一物質が原因ではない。2012年1月に北京市が発表した資料によれば、汚染の原因は「自動車排ガス」、「石炭等燃焼」、「工事の粉塵」、「塗装噴射」および「周辺地域からの越境汚染」がほぼ同じ割合であると説明している。しかし実際はこれらから排出された微粒子が空中の紫外線で反応して生ずる、いわゆる2次生成粒子・光化学オキシダントもPM2・5の原因になる。気象条件や地形の影響も大きい。清華大学の環境問題専門家によると、PM2・5の濃度が高くなると2次生成粒子の割合が高くなるという。つまり現在の中国で見られる広域大気汚染は、原因が特定しにくく、特に都市部の大気汚染は、「都市型複合汚染」とでもいうべきものになっている。過去の日本や先進国に見られた初期の公害とも様相が違う。対策が難しいのである。

また現在の大気汚染は粒子状物質の量だけではなく、質にも問題がある。日本は1970年に大気汚染防止法を改正して工場などの排出規制を強化し、2003年にはディーゼル車から排出される粒子状物質の規制も始まった。

私は大学で衛生工学（環境工学）を学び、81年にシンクタンクの野村総合研究所に入所したが、最初に手掛けた仕事が当時の環境庁からの委託による「東京都における粒子状物質の実態調査」。まさに今の中国の北京などが直面している問題と同じだった。

私にとっては、30年の年月を経て、ここ北京でまた同じような問題に直面しアドバイスを求められるという巡り合わせである。

80年代当時の日本は、排出ガスに発がん性物質が含まれる可能性が指摘され、事実そうした物質も一部検出されていた。その後環境庁（現在の環境省）は、ディーゼル車の排出ガスや粒子状物質の規制に着手した。私は、10モード規制と呼ばれる自動車排ガス規制のための走行パターン作成、東京都のディーゼル排ガスなどの粒子状物質の汚染状態と有害性実態調査などの現場にいた。

それでも日本がＰＭ２・５の環境基準を制定できたのはようやく09年になってからである。都市型複合汚染の規制は複雑で、法律化ひとつをとってもとても時間がかかるのである。

今や中国は世界の汚染源に

私の手元にある資料によると、二酸化硫黄（SO_2）、窒素酸化物（NO_X）、揮発性有機物（ＶＯＣ）、アンモニア（NH_3）及びブラックカーボン（ＢＣ）の濃度を世界地図上に示すと、すべての物質で中国付近が最も高くなる。また口絵の図Ａ（P.８）は、話題のＰＭ２・５の濃度分布だ。こちらのほうは中国から北アフリカが主要な汚染地域になっている。前者は主に工場や自動車など人為的な要因で発生するものだが、ＰＭ２・５は砂漠などの自然条件も関係していることがわ

図C 中国の大気汚染物質の濃度推移（1990〜2010）

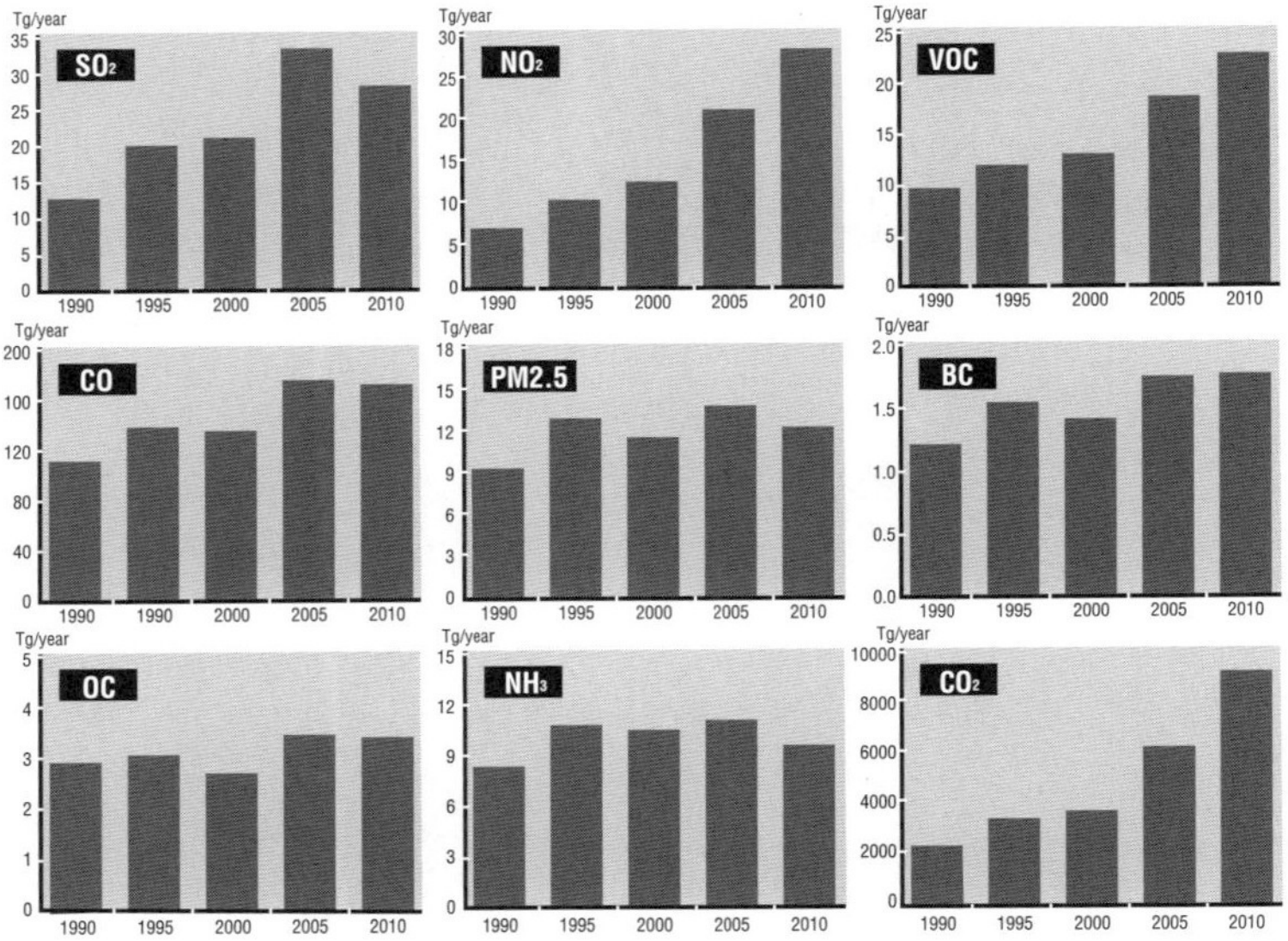

NOxやCO_2が増加する中で、PM2.5は比較的抑制されていることがわかる。（出所：清華大学専門家の講演資料より松野氏が作成）

かる。中国は工業化と自然要因（砂漠化など）の両方の原因を抱えており、地球規模で見た場合、世界最大の発生源になってしまっている。

図Cは、中国における大気汚染物質の1990〜2010年の濃度推移である。二酸化硫黄（SO_2）とPM2・5は近年、総量としては濃度抑制に成功している。PM2・5は最近になって測定結果が公表されたため新しい汚染のようだが、実は中国もすでに90年代からPM2・5の測定も行っていたことがわかり、汚染物の総量としては抑制できていることになる。また一方で窒素酸化物（NO_x）揮発性有機物（VOC）と地球温暖化の原因と言われる二酸化炭素（CO_2）

は、近年も増加の一途で総量としてまだ抑制できていないことがはっきりわかる。

中国の汚染物排出は、進出している外国企業によるものも多いので中国だけの責任ではないが、地球規模の汚染を生み出す大気汚染物質に関しては、中国が世界の汚染源になってしまっている。だから特に隣国で東部に位置する日本や韓国などは、この事態を軽く考えずに中国と協力して大気汚染問題の解決に力を注がなければならない。

中国の専門家の見方——汚染のピークは10年後

海外からの中国批判でよくみられる「中国は、環境に関する法整備や対策が不十分」という言い方は正確ではない。中国は1979年にはすでに環境保護法を制定し、その後汚染物の排出者責任、総量規制、省エネ・リサイクル化と順次法整備を進めてきており、今や中国の環境関連法規は先進国並みに整備されている。日本の「公害対策基本法」の成立は1967年だ。中国の法整備はそれから10年ほど遅れているだけであり、経済発展の段階を考えればむしろ汚染の早い段階から手を打ち始めている。中国政府も決して環境保護政策を疎かにしてきたわけではないのだ。

しかし問題は法律の運用にある。つまり法律があっても、たとえばそれを適用する裁判制度に中立性が欠けるし、また何が公害犯罪なのかという犯罪の定義も曖昧になっている。日本の法律で言えば、基本法はあるが施行令や施行細則が充分に整備されていないということになる。

中国は、第11次五カ年計画（06〜10年）からは、地方政府幹部の評価制度にいわゆる「一票否決」と呼ばれる原則を取り入れた。これはGDP成長率などの指標が目標値を上回っても、環境保護に関する目標値が達成できなければ、地方トップの昇格人事が否決されるという制度である。しかしこれはまだまだ建前で、いまだに地方政府間では猛烈なGDP競争が行われているのが実態である。

また中国の環境問題の専門家は、もし企業が違法に汚染物を排出したとしても、その罰金はとても安く、得られる利益を考えればどの企業も何のためらいもなく違法操業を選ぶと指摘する。中国政府は、昨今の公害問題の激甚化に伴って現在、79年制定の環境保護法の抜本改正に取りかかっており、また公害犯罪の立証のために犯罪定義や被害に応じた罰則強化にも取り組み始めている。

私の周りにいる環境問題の専門家は、上述の法律の運用問題の他に政府の政策面、たとえば都市計画の不備を強調している。中国はまだ経済成長の途上にあり、各地方政府の都市計画は地域開発による経済発展を主眼としているため、自分の地域の発展計画が中心であり、周りの地域との調和や連携はあまり考えられていない。そのため地域間で発展の不均衡があると、それが地域の環境汚染の原因になる。

たとえば北京五輪の開催前は、北京市は、首都の空気を守るために工場を市の郊外に移転させてしのいだ。しかしその移転先でもその後経済発展が進んで汚染物の排出量が増え、それが北京に越境してくるようになった。つまり過去の対策は根本的な解決にはなっていなかったのである。また周辺都市の立場に立つと、首都・北京から「水が足りない、電気も足りない」と言われてこれまで協力してきたのに、今さら「汚染物を出すな、発展もするな」と言われても困るだろう。都市型の広域汚染は、地域間の連携がないと問題解決が難しいのである。

現政権の李克強首相は、中国の内需拡大と地域間格差解消のために「都市化」政策を政権の目玉として強力に打ち出している。事実、現在の中国はどの地方都市に行ってもビルやショッピングセンターの建設ラッシュになっており、これらの公共事業はGDPを生み農村の近代化による社会格差解消に貢献している。しかし専門家によると、環境問題の角度から見た場合、特に中規模都市で急速に大気汚染が悪化しているという事態が起きていると言う。都市化政策は内需型経済転換のための「打ち出の小づち」だと思われてきたが、今や「両刃の剣」になってしまった。

清華大学のある環境問題の専門家は自嘲気味に私にこう言った。「中国はまだまだ工業化を進める段階にあり、日本や他の先進国のように経済発展が一段落してから環境問題に取り組むことができた状況とは根本的に違う。中国の環境問題は今後20~30年は解決しないだろう。しかも今が汚染のピークではない。ピークは10年後あたりだ」。

中国は環境問題を解決できるのか

習近平国家主席は、就任時の演説で中華民族の偉大な復興を強調した。これはいわゆる「中国夢」と表現され、現政権の最大の国家スローガンになっている。「中国夢」の中身ははっきりしないが、中国がめざす社会主義現代化のゴールは、かつての中国が保持していた「GDPシェア」、「領土」そして「文化」を回復することにあると言われる。この国家スローガンがある以上、今回の環境問題も〝経済成長を犠牲にして〟解決するという道を選ぶことはないだろう。中国の持続的経済成長は、国家リーダーに与えられた使命であるが、また呪縛にもなっている。

事実、中国の現在の12次五カ年計画において環境保護政策は、一方で中国の国家生存のための戦略である「資源・エネルギー確保」や温暖化対策のための「低炭素経済化」とセットになって数値目標が示されている。もちろん汚染物の減少は省エネや低炭素に結びつくのだが、国家計画が「生活環境の保全」より、「省エネ・循環経済化」のほうに重点が置かれていることは、中国における現在の環境問題の位置づけを如実に表しているとも言えよう。

では、中国は今後、はたして環境問題を解決していけるのだろうか？　私は、中国には環境問題解決を阻む政治体制上あるいは社会構造上の致命的な欠陥があると考える。その主なものは次の3つだ。

第1は、「裁判制度の不備」。今回のような広域汚染は原因が特定しにくいため責任も曖昧になりがちだ。日本の高度成長時代の公害問題は、いわゆる「4大公害裁判」が起こされ、国や企業の責任が明確化されたため、国に対して強制的に問題解決に向かわせることができた。これは平坦な道ではなく、良識ある学者とジャーナリスト、メディア、そして住民運動が連携し粘り強い戦いの末に勝ち取った勝利といっていいだろう。4大裁判の判決を受けて国家はようやくその重い腰を上げた。

今の中国の裁判制度でこういう解決方法が可能とは思えない。司法は独立しておらず、裁判所は地方政府の下部組織にすぎない。たとえば汚染の原因が地方政府の関連企業であったり、汚染地域がその地方の重点開発地区である場合、環境汚染の責任者は往々にして曖昧にされてしまう。責任者の確定がない限り、環境問題の解決は覚束ない。またデモなどの住民が運動を起こそうとしても、集会や抗議活動自体が地元政府の許可が必要で許可を得ていなければ、違法行為として警察に暴力的に弾圧されてしまう。

今の政府ができることといえば、せいぜい環境犯罪の摘発を強化し、汚染犯罪の刑罰を重くすることくらいだが、そのように法律を整備したところで、司法の独立と公正さが担保されていない以上、効果は限定的なのだ。2013年11月に行われた第18期中央委員会第3回全体会議（三中全会）では、司法の独立公正度を高める「司法制度改革」が明示された。今後は環境裁判が厳格に運用されることを期待したい。

第2は、中国政府の「データ非公開体質」である。今回の大気汚染の原因であるPM2・5の測定値も、中国の当局は長らく公開しなかった。在中国の米国大使館が公開し始めてから、中国政府も慌ててデータの公開を始めたのだ。中国では、気象データも一般にはすべて公開されないし、汚染データを国内で勝手に実測することも許されない。

しかし今回のような地球規模の広域環境汚染問題は、国内外の専門家が協力し智恵を出し合わないと解決できない。環境汚染は中国だけの責任ではないが、汚染当事国がデータ公開をしなければ、汚染構造の解明も遅れ、汚染はより広域化・深刻化してしまう。

3つ目は国民の「お上依存体質」だ。中国の一般国民は、大きな社会問題は全部中央政府が責任を持って解決すべきものだと思い込んでしまっている。四川大地震のときも、復興計画は中央政府が主体となって作成された。しかし、環境問題や防災問題などは人々の生活様式に深く関係しており、政府が机上で考えて法律強化や処罰などをしても問題解決ができない性格のものだ。

中国の環境保護対策は、これまで政府主導のトップダウン式で進められてきた。しかし環境問題は極めて社会的な現象であり、法律と罰則だけでは解決しない。企業の環境対策は、汚染物の排出が結果的に企業収益を悪化させるという「市場原理」が働かない限り前に進まない。現在の日本の自動車メーカーが世界に冠たる環境技術を誇るのも、環境対策をやらなければ国内では生産ができず、また国際的にも生き残れなかったからである。

また、環境問題の解決のためには国民の「環境意識」がとても重要になる。何年か前に中国中央テレビ（CCTV）のキャスターが日本に出向いて取材をし、その様子を本にまとめている（『岩松看日本』、華芸出版社）。彼が日本に来て最も驚いたことは、先端工場でも新幹線でもなかった。それは日本の末端の家庭で完璧に実行されている「ごみの分別収集」だった。環境問題は、国の政策、市場の圧力、国民のモラルの3つが揃わないと解決できないのだ。

そう言えば最近、北京のタクシーの運転手の対応が変わったと感じる。昨年は尖閣問題で日本を非難し、私も実際に乗車拒否をされたことがある。しかし今は違う。「島の問題なんか関係ない。政府はこの空気を何とかしてほしい」。問題解決は何でもお上に頼るのがこの国の体質なのだ。

3つの処方箋

では、このような深刻な事態を打開する有効な処方箋はあるだろうか？　短期的には、企業などの違法行為の取り締まり、工場の移転、暖房等燃焼方式の転換、燃料のクリーン化、公用自動車や商業トラックの走行規制、それに人工降雨（逆に水系が汚染されるが）まで何でもやってみるしかない。一定の効果はあるだろう。しかしこれらは北京で言えば2008年の五輪開催時に採った手段とほぼ同じであくまでその場しのぎの対策だ。中国政府は根本的、中長期的な手を打たなければならなくなっている。処方箋を3つほど提案してみたい。

第1は「総量規制」の本格的導入だ。今回の事態は明らかに汚染物がある閾値を超えたことが原因だ。しかしこの手法を導入しかつ社会のコンセンサスを得るためには、汚染源の詳細な特定が必要になる。また本格的な総量規制を行うとなれば、自動車の保有規制、石炭使用の制限(天然ガス転換等)、公共工事の規制など国家の多くの産業に影響をもたらし、GDPの成長にも影響が出る政策も真剣に検討しなければならない。

第2は、国民の「公民意識の向上」だ。前述したように環境問題はトップダウン政策だけでは解決しない。都市型複合汚染は、国民全員が原因をつくっているのだ。

話は少しそれるが、中国では自分の住んでいる場所はとてもきれいにするが、一歩外に出るとゴミだらけだという現象がよく見られる。中国人にはそもそも「公共空間」という概念が乏しいのではないかと思う。環境汚染はまさにこの「公共空間」の管理のずさんさが原因で起こってしまうものである。中国人は、公共空間はお上が管理するものだと思い込んでいるが、その考え方は根本的に改めなければならない。しかし公民意識の向上は、ある種「民主化」にも通じるところがあり、現政権にとっては悩ましいものだ。

第3は、「都市計画の転換」である。現在の都市構造は根本的につくり変えるべきだ。都市計画は、現状の「開発計画」から「機能改善」へと大きく舵を切らなければならない。どうやら悠久の都北京も本格的に「遷都」を考える時期にきたかもしれない。北京の場合、実は「水不足」というよりもっと致命的な問題も顕在化しつつある。遷都構想については中国政府も内々に研究を進めていると聞く。

日本はどう対処すべきか

今回の広域汚染問題は、日本にとっても「対岸の火事」ではなかった。汚染物質は偏西風に乗って日本に運ばれてくる。すでに西日本の地域ではＰＭ２・５などの測定値は平常値を上回り、越境汚染は始まっている。これまでも酸性雨や黄砂などの影響はあったが、今回は発生源サイドで対策がすぐには進まないことから、日本にも一定の影響が出るだろう。

中国のネット世論などには、日本も原発事故で放射能を拡散させたのだから今回の事態で中国を責める資格はない、といった主張もある。また中国に進出した日系企業が汚染源であるという批判もある。中国の沿岸部には日本だけでなく海外企業が多く工場を設立しており、当然日系企業も中国の汚染に加担していないとはいえない。だが、中国における日系企業の環境意識は中国企業の平均的な水準よりはおおむね高いと中国の専門家は評価してくれている。環境汚染は企業モラル、管理体制、現場作業員のモラル、汚染防止法の執行体制の部分に分けられるが、現場作業員のモラルと法執行体制が直接汚染に結びつくと考えれば、どの国の企業がどれほど汚染に加担しているかを問うのはあまり意味がない。

それよりも中国政府が硬直化する日中関係の悪化により、日本との協力に二の足を踏むことのほうが問題だろう。

日本としては中国を汚染源と批判するだけでは、何の解決にもならない。だが、日中協力を積極的に進めるとしても、過去にやってきたような日中協力では問題の打開は難しそうだ。

これまでもそうであったように、環境分野での日中協力は「日本が教えてやる」というスタンスだと中国側は同意しにくい。実は、日本の中国に対する政府間協力（ＯＤＡ）は06年あたりから激減している。日中環境協力はすでに新しいステージに入っている。日本は中国における環境ビジネスについては、抜本的に発想を換えなければならないだろう。

環境問題に関して中国は、長期的な対策に加えて短期的な問題解決も求めている。たとえ部分的な解決にせよ問題解決を最優先とするならば、日本は中国側が実行しやすいプロジェクトを提案する必要がある。もちろん、あくまで日本および日本企業のビジネスという前提に立って考えればよい。

たとえば日本の民間企業が主体になって「成功報酬型」、すなわち測定値を下げれば報酬を得るような仕組みを提案するとか、第三国の韓国や国際研究組織などを巻き込んだ共同対策チームを組織するとか、中国の研究者を東京に呼んで研修サービスを提供するなど、中国側が受け入れやすい方式を検討してはどうだろうか。すでに一部ではこうした交流は始まっているとも聞く。

中国政府はこの環境問題を甘く見てはいないと思うが、今回の広域汚染問題の解決を長引かせるようなことがあれば、日中関係どころではなく、人類の悲劇となりかねない。

日本も、国際世論などを通じてこのことをしっかりと世界に伝えていくとともに、日本も問題解決の義務を一部負っているという自覚も必要であると思う。なぜなら、空も海も世界はつながっているのだから。

あとがき
——日本は中国の汚染にどう向き合うか

最後まで読んでくださって感謝いたします。

現役の北京特派員時代から環境問題には興味があり取材もしていたので、一度はきちんと中国の環境問題をテーマとした本を出したいと思っていた。だが、そう意気込むほどに、どうも空回りして執筆に思う以上に時間がかかった。日本には民間も政府系機関も含めて中国の環境問題に取り組む専門家は多く、彼らの著書を参考にと読めば、とても私ごとき素人が口を挟めるような分野でないことを思い知らされて、筆が進まなかった。結局、私にできることは現場を歩いて、そこにいる人の話を聞き、素人として見たまま感じたままを伝えるしかないというところに落ち着いて、ルポを主体にまとめることにした。中国の汚染現場の雰囲気は感じてもらえたかと思う。

同時に、では中国の深刻な汚染を前に、日本・日本人としてはどうすべきか、あるいは日本のビジネスマンや企業にはどういうチャンスがあるか。そこまで踏み込まなければ、こういう本を出す意味はないかもしれない、とも思う。

中国は2013年、水汚染対策で2兆元、空気汚染対策で1・7兆元の予算を投入する行動計画を策定中で、中国国内外の環境ビジネス企業が強い関心を寄せている。だが、そんなことは素人の私が言うまでもなく、最前線にいる人たちは研究し尽くしているということも知っているので、あえて書くことに遠慮もあった。ちょっと自分の中で消化不良でもあるので、この場を借りて日本や日本人、日本企業が中国の汚染問題にどうアプローチしていけばよいか、考えたことに触れておく。

まず日本は環境ODA（円借款）という形で2006年までは非常に積極的に中国の環境問題にコミットしてきた。その結果について、評価する声もあれば、さほど評価されていない部分もある。評価されていない部分とは工場の環境改善プロジェクトなどで、効果があったと評価されているのは汚水処理場などの大規模インフラ事業という。だが、環境ODA自体、日中間に経済格差があった時代だからこそ有効な手段だった。今後の日中の環境協力を進める中でODAスタイルが復活してもうまくいくとは思えない。何より国民の少なからずが、反日姿勢の強い現政権に対して税金を投入する形の援助再開には反対だろう。では有償技術提供、ビジネスの形でどう関わるか。

対中環境ビジネスでコンサルティングも行っている日中環境協力支援センターの大野木昇司氏に意見を聞いたところ、日本が中国の環境対策で協力できる分野として具体的に以下を挙げた。

①単純な技術協力だけではなく、研究分野での協力。例えばPM2・5の発生メカニズムは複雑だが、日本には研究の蓄積があり、ピンポイントで有効な立てられるノウハウがある。中国の排出状況を共同研究すれば、中国の有効な政策立案に役立てられる。

②日本勢として有望な中国環境ビジネス分野としては、水・大気・新エネに限らず環境対策の高度技術である。水分野では膜、モニタリング、自動制御、凝集剤、下水汚泥処理など、大気分野ではVOC、集塵、脱硝、脱水銀など、新エネ分野ではベアリング、インバータ、バッテリーなど、得意の部材市場から食い込んで、その部品・部材の効果を引き出すために必要なシステム設計まで提案できるように、裾野から広げていく方式が日本企業に合っていると思う。

また同氏の日中環境ブログにあるように、2013年夏頃から日中環境交流・協力が急増している点も見逃せない。

本書で第八章を寄稿してくださった清華大学・野村総研中国研究センター副センター長の松

野豊氏は「日本人が一番得意な分野は〝改善〟〝改良〟。そこにビジネスチャンスがあるかもしれない」と言う。

たとえば、中国に山ほどある高エネルギー消費のビルをエコな省エネビルに〝改良〟する。ビルを一つ一つ審査し、既存のシステムに少し手を加え新しいアイデアを導入すれば、さほどコストを掛けずにエネルギー効率を大幅に改善することができる。コンサルティングを兼ねたこういうビジネスはすでにやり始めている日本企業がある。日本の普通の家庭でも家具の配置やカーテンの素材一つで省エネ効果を上げる工夫をするくらいなのだから、上海などでバブリーな時代に造られた高エネルギー消費の高層ビルを全部点検したら、相当な〝改善すべき点〟が見つかるだろう。

また李克強首相が副首相時代から新都市建設の方針として強く打ち出している生態城（エコシティ）は、技術そのものよりも、SF小説の世界のような夢の都市を中国側は期待している向きがある。資本力や価格競争だけなら欧米や中国の大企業に勝てない場合でも、それを補う発想力、技術力があれば日本企業にもチャンスはあるかもしれない。

大野木氏も松野氏も共通して「援助してやる、協力してやるという上から目線のアプローチではもう通用しない」と最後に付け加えていた。そもそも、日本も福島原発の汚染水問題を抱えて、その克服に汲々としているのだから、偉そうな態度はブーメランのように自分に跳ね返ってくる。

ただし、中国の汚染問題は日本もどの国も経済成長の過程で経験している、と軽く見る言い方は正しくない。それをはるかに超える大規模なもので、本書でリポートしたように複合的な要因がある。最大の要因は司法の独立、報道の自由、公民権や人権、ときに生存権の尊重を欠いた一党独裁の政治体制下で、企業や人にモラルや「公益」の意識が決定的に失われているということだろう。

こんな複雑怪奇な複合汚染を経験した国はほかにどこにもない。単なる環境技術の移転や法律規範の厳格化では決して克服はできないだろう。ましてや中国政府が面子のために打ち出す汚染防止行動計画で13億人口が吐き出す汚染などコントロールしきれるわけがない。汚染問題は国民一人ひとりが主体になって、「社会のため」という公の意識をもって立ち向かわねば克服どころか緩和もできまい。そのために一番の処方箋は中国が一刻も早く国民主体の国、民主国家になることだと思っている。

中国の汚染は、今後10年は悪化する一方であると中国の大方の専門家も予想する。大気や海を通じて汚染の影響は周辺国にも波及し、食糧問題や経済成長の鈍化という形で世界経済にも悪影響を与える。他人事にしたくても他人事にできない未曾有の世界的難題だととらえるべきだろう。

日本としては、中国を汚染源の国と忌避するだけで流れくる汚染を防ぐこともできないし、なんとか中国の汚染が克服とまでいかずとも改善に向かうよう後押しするしか選択肢はない。その方法は単純に技術提供や資金提供やビジネスの参画といったものだけでなく、そこで汚染に苦しむ人の存在を認識したり、その苦しみに心情を寄せたりすることも重要ではないかと思う。そういう国際社会の関心が、中国の普通の人に普遍的価値観に気づかせたり、中国で失われて久しい「公益」の意識を取り戻すきっかけになったりするのではないか。

この本が、そのお役に立てますように、と思っている。

二〇一三年十一月吉日

福島香織

参考図書一覧

『中国環境ハンドブック２０１１－２０１２年版』（蒼蒼社）
『中国環境ハンドブック２００９－２０１０年版』（蒼蒼社）
『アジアの土壌汚染』（畑明郎・田倉直彦編集　世界思想社）
『おいしい水のつくり方－生物浄化法』（中本信忠著　築地書館）
『守望－中国環保ＮＧＯ媒体調査』（汪永晨　王愛群主編　中国環境科学出版社）

その他中国各紙記事、日中論文、リポートなどをインターネットで検索、引用、参考にしました。

福島香織（ふくしま　かおり）

大阪大学文学部卒業後、産経新聞社に入社。上海・復旦大学に語学留学し、2002年から2008年まで中国総局特派員として北京に駐在。2009年、同社を退社し、現在はフリージャーナリストとして活動中。著書に『潜入ルポ　中国の女』（文藝春秋）、『中国絶望工場の若者たち』（PHP）、『現代中国悪女列伝』（文春新書）、扶桑社新書『中国のマスゴミ～ジャーナリズムの挫折と目覚め』『中国「反日デモ」の深層』など。

中国複合汚染の正体

現場を歩いて見えてきたこと

2013年12月20日　初版第1刷発行

著　　者…………福島香織
発 行 者…………久保田榮一
発 行 所…………株式会社 扶桑社
〒105-8070 東京都港区海岸1-15-1
電話03-5403-8870（編集）　03-5403-8859（販売）
http://www.fusosha.co.jp/

編　　集…………大久保かおり（扶桑社）
校　　正…………聚珍社
D　T　P…………Office SASAI
印刷・製本…………株式会社 廣済堂

定価はカバーに表示してあります。

 ISBN978-4-594-06978-0